Sogensha
History Books
創元世界史ライブラリー

錬金術の歴史
秘めたるわざの思想と図像

池上英洋 著

創元社

目次

地図・図版制作　小林哲也　　装幀　濱崎実幸
写真提供　ＰＰＳ通信社（Alamy）、池上英洋

錬金術の歴史

――秘めたるわざの思想と図像

第1章　金の寓話

1　ある寓話

王の結婚式に招かれたクリスティアン・ローゼンクロイツが、城に到着して四日目のことだった。彼ら参列者たちは朝から泉で体を洗った後、大広間へと向かった。そこでは、結婚を祝うための劇が全七幕にわたって演じられており、王や貴族たちが招待客とともにそれを観ていた。

やがて観劇後の夕食会も終わると、王族たちは黒い衣裳へと着替え始めた。部屋全体が黒一色で覆われ、結婚するカップルを含む三組の王と王妃たちには目隠しがはめられた。すると斧を手にした黒ずくめの男がひとり、部屋へ入ってくるやいなや、六人の首を次々に刎(は)ね始めた。そしてこの恐ろしい処刑が終わると、今度は処刑人自身の首が斬り落とされたのだ——。

この不気味で謎めいた物語は、クリスティアン・ローゼンクロイツが体験した七日間の出来事を

図1-01　《哲学者の山》（作者不詳、17世紀、『隠された薔薇十字団』より、Altona、1785年）

書き記したものだ。薔薇十字団の創設者とされるローゼンクロイツは、その名が「薔薇十字」を意味することでわかるように架空の人物である。もっとも彼の実在を信じる人は多く、一三七八年に生まれ、一六〇四年には「わたしは一二〇年後に見出されるだろう」と記された扉が発見され、その奥にまだ腐敗していない彼の遺体があったとの奇跡がまことしやかに伝えられている。つまり彼は一四八四年に一〇六歳で亡くなったことになる。《哲学者の山》と題された作者不詳の版画（図1－01）はこの出来事を描いたもので、中央にまだ白骨化していないローゼンクロイツの遺体があり、画面右下には発見したとされる一六〇四年の銘記がある。彼はしかし、旧約聖書のモーセやダヴィデがそうであるように、おそらく幾人かの実在の人物たちの言行を統合し、そこへさらに創作が加えられてでき上がったキャラクターなのだろう。

さて物語のなかでは、恐ろしい惨劇の後もさらに不思議な出来事が続く。参列者たちは六日目に、城内で二段に積まれた大釜を熱し、沸騰した熱湯を王たちの遺体へと注ぐ。その上には黄金の球体が吊り下げられ、そこへ太陽光が集められて加熱される。やがて冷却した球体を割るとそこには卵があり、なかから一羽の鳥が現れる。血まみれで弱っていた鳥に、斬首された処刑人の血を飲ませると、とたんに鳥は美しく立派な姿に変わり始めた。

奇妙な出来事はまだ続く。次に鳥は風呂へ入れられ、首を斬られて焼かれてしまう。いくつかの工程を経て、その灰で作られたスープのなかから身長一〇センチメートルほどの小さな男の子と女の子が姿を現す。先ほどの鳥の血を与えられたふたりはぐんぐんと大きくなり、やがて大人の人間のサイズとなって目を開いた。彼らはまさしく斬首されたはずの王と王妃であり、若々しく美しい姿のふたりは、斬首された瞬間から自分たちがずっと眠っていたとばかり思っていたのだ――。

化学の結婚

『化学の結婚（Chymische Hochzeit）』なるタイトルが付けられたこの物語は、一六一六年、ルター派の牧師ヨハン・ヴァレンティン・アンドレーエによって編まれた。アンドレーエは一五八六年に現ドイツのヴュルテンベルクに生まれたが、やはり牧師だった父ヨハンは錬金術関連のコレクターで、母マリアは薬剤師、そして妹のひとりが嫁いだ医学部教授はアンドレーエの友人となった。おわかりだと思うが、錬金術の専門的知識を身につけるにはもってこいの環境に彼は恵まれていた。学問のかたわら戯曲を書き始めるが、彼の薔薇十字団関連書のなかでは最も早く書き始められたこの『化学の結婚』が全編にわたって演劇めいているのもそのためだろう。

「薔薇十字団」の名が一気に広まったのは、一六一四年にドイツ中部のカッセルで刊行された『薔薇十字の名声（Fama Fraternitatis）』なるラテン語の小冊子による。そこではローゼンクロイツの生涯が語られ、彼による薔薇十字団創設の経緯と目的が述べられていた。同書はまたたく間に各地で版を重ね、翌年には再びカッセルで新版が刷られるが、そこには新たに一四条から成る『薔薇十字の

図1-02　クリスティアン・ローゼンクロイツ著『化学の結婚』、「1459年シュトラスブルク刊」との表記のある扉ページ（ミュンヘン市立図書館）

信条告白（Confessio Fraternitatis）』が附記されていた。そして、さらにその翌年にシュトラスブルク（今日のフランス東部ストラスブール）で出版されたのが先に触れた『化学の結婚』であり、そこで編者としてアンドレーエの名が初めて記された。ここに掲載した扉ページ（図1－02）はその当時のもので、建前上の著者であるローゼンクロイツが生きた時代である「一四五九年」が刊行年として記されている。これら基本三文書のすべてがアンドレーエの単著かどうかには諸説あるが、これらは俗に「薔薇十字基本三文書」と呼ばれ、その高い人気から他の著作家たちによる「薔薇十字団もの」が続々と世に出る契機となった。

基本三文書のなかでも『化学の結婚』はその小説風な内容でひときわ異彩を放っているが、本書で後に見ていくように、その寓話性が持つ極端な「わかりにくさ」は錬金術文書のお約束と言ってよい。なにしろ、レシピを馬鹿正直にわかりやすく記してしまっては、当然ながら誰もが金を創り出せるようになり、彼らの技は「秘中の秘」ではなくなってしまう。彼らがその技を内輪にとどめ、他者に継承する際にも「難解な内容を理解し、秘められたる技の入口まで到達しうる者」だけに伝えようとするのは当然のことであり、ましてや後述するように、その技が単なる金属変成にとどまらず、人類を次なるステージへともたらしうる秘技ともなればなおさらだ。『化学の結婚』もこうして奇妙な寓話の形で著されているため、後世の読者の頭を大いに悩ませた。

今日でもすべてのステップを充分に説明しうるわけではないが、後述するような錬金術指導書の典型から大きく外れてもいないので、かなり正しく読み解くことが可能である。たとえば先に引用したストーリーのなかでも、王と王妃の結婚、殺害と死、加熱と冷却、大釜と卵、鳥の出現、小人の誕生から王と王妃の復活まで、すべてが錬金術の化学的な作業工程を意味している。そのなかの「小人の誕生」については、錬金術によって創造された人間を指す「ホムンクルス」なる用語を耳にしたことのある方は少なくないだろう。さらには、錬金術において死から蘇ることが人間を一段上の高みに引き上げる行為であり、かつそれが若返りや不老不死、あるいは真理を手にする段階となって現れることをご存知の読者もおられるのではないだろうか。

言をあらためれば、『化学の結婚』は王と王妃の婚姻と死、復活の姿を借りた錬金術物質の融合と精製の物語であり、さらに言えば、わたしたち人間の苦悩の原因である「精神（魂）と物質（肉体）の乖離」を埋めるための、鍵の獲得を暗示する物語でもあるのだ。この「鍵」はグノーシス主義で言うところの「知」に相当するが、これらについては後述する。

薔薇十字団とその社会背景

『化学の結婚』では、アルヒミアという、まさに「錬金術」を意味する名を持つ乙女に導かれて、ローゼンクロイツは一連の幻想的な出来事をくぐり抜け、最後には「黄金の石の騎士」に叙せられる。ご丁寧に当の騎士団には団の規則まであって、そこではキリストへの忠誠が謳われ、美徳と高潔さの追求と悪徳の排除、そして他者の救済が誓われる。加えて、騎士団員は現世における富や権力を求めないことも約束させられるのだ。こうした規則はそのまま中世以来のキリスト教ヨーロッ

図1-03 『ウィリアム・ブルージェスによるガーター・ブック』（1430年代、ロンドン、大英図書館、fol.5v.）

パで形成された騎士修道会がモットーとしていた内容に近く、アンドレーエが彼の架空の薔薇十字団に何を求めていたかがよくわかる。

思想家フランセス・イエイツは、ローゼンクロイツのモデルをヴュルテンベルク公フリードリヒと見ている。アンドレーエがチュービンゲンでまだ勉学に勤しんでいた頃、実際に錬金術の探求者でもあったフリードリヒはイングランドからガーター勲章を受けている。同勲章は、その名の通りダンス中の伯爵夫人の脚からガーター（靴下留め）がすべり落ちたところ、夫人を恥ずかしさから救おうと、イングランド王エドワード三世がそれを拾って自らの脚に付けたとの言い伝えに由来している。ことの真偽には諸説あるものの、この出来事が起きたとされる一三四八年が、そのままガーター騎士団と勲章の創設年とされており、今日まで続く長い伝統を有している。ちなみに昭和天皇は叙勲後、日英開戦により剝奪され、戦後再び叙勲された珍しいケースとして知られている。『ウィリアム・ブルージェスによるガーター・ブック（Bruges Garter Book）』（図1－03）は全二〇紙葉から成るラテン語手稿で、ガーター騎士団の騎士たちの肖像画がずらりと描かれている。ここに掲載した紙葉では、騎士団員でもあるイングランド王が画面右で跪き、左にいる団の守護聖人ゲオルギウスに向かって手を合わせている。聖ゲオルギウスは、彼のアトリビュート（持物＝個体識別のための記号的要素）でもあるドラゴンを剣で打ち倒しているところだ。彼は胸に赤い十字の描かれた盾を付けているが、この赤十字が伝統的にガーター勲章のシンボルとなっている。

一方、薔薇十字団はその名の通り、薔薇と十字をシンボルとしている。薔薇十字団関連の書をいくつか著したロバート・フラッドによる『最高善（Summum Bonum）』の扉絵（図1－04）では、中央に咲く大輪の薔薇の下に、枝による十字が描かれている。薔薇の赤色とあわせて、ガーター勲章の赤十字との強い関連性は明らかである。

さて、続いて一六一三年には、やはりガーター勲章を受けているプファルツ選帝侯フリードリヒ五世が、イングランド王ジェームズ一世の娘エリザベスを妻に迎えている。プロテスタントとカトリックの分裂後の新旧両派による泥沼の対立からいまだ抜け出せない中央ヨーロッパは、イングランド王家と選帝侯家との婚姻に状況改善の期待を抱いた。特にジェームズ一世は、長らく対立関係にあったイングランドとスコットランドの王位を兼ねる初めての「グレートブリテン王」であり、対外政策においても融和を推し進める「平和王」として知られていた。イングランドの国教会はプファルツのプロテスタントと連携を強め、またカトリックの最大勢力でありライヴァルでもあったスペインとも和睦を結び、さらにはフランスとスペインの間の仲介役まで買って出ていた。平和王のこのような活躍に、政情不安と国家間対立がおさまらないドイツ住民が期待を寄せないはずもない。

図1-04　ロバート・フラッド著『最高善』扉絵（1629年、ロンドン、大英図書館）

選帝侯の婚礼式典は派手な花火によって幕を開け、ハイデルベルク城における一連の祝宴の様子は一般にも公開された。イングランドからは大規模な劇団が随行して来ており、ガーター勲章の紋章を戴く凱旋車に乗って登場する選帝侯や、騎士団の入団式を彷彿とさせる厳かで壮麗な儀式を織り込んだその劇に、アンドレーエは大いに感化されて、いくつかの戯曲をしたため、また『化学の結婚』における劇中劇での式典描写の参考とした。イエイツは物語の舞台となっている城館自体、ハイデルベルク城をモデルとしたものと推察している。また同女史によれば、『化学の結婚』と、エドマンド・スペンサーの『妖精の女王(The Faerie Queene)』に書かれた「赤十字の騎士」との類似性が、ポール・アルノルドによってすでに指摘されているという。エリザベス一世時代にイングランドで活躍した詩人スペンサーの創作による「赤十字の騎士」が、そもそもガーター勲章に着想を得ていることを考えれば、両書に影響関係が認められるのも当然のことと言える。また、スペンサーによる『妖精の女王』はアーサー王の伝説を下敷きとして編まれた叙事詩であり、後述するようにアーサー王の聖杯伝説と錬金術に密接な関係があることを思えば、これらの支脈がたがいに織り合うさまは興味深い。

あらためて指摘するまでもなく、ローゼンクロイツが入会した「黄金の石の騎士」なる騎士団が掲げる「他者への奉仕」や「現世の栄達の放棄」といった信条は、それこそ十字軍たけなわの時代に駆け回ったテンプル騎士団やヨハネ騎士団などがモットーとしたものと同じであり、薔薇十字団がこれら騎士修道会を理想視して設定されたものであることは明らかだ。

結婚に込められた融和の願い

こうして見ると、『化学の結婚』という錬金術的幻想物語の奥に、著者アンドレーエの動機が透けて見えるようだ。王と王妃はローゼンクロイツの眼前で結婚式を挙げ、錬金術の技によってより高い次元へと生まれ変わる。言うまでもなく、王と王妃の結婚はプファルツ選帝侯とエリザベスの結婚を直接的に受けたものであり、ローゼンクロイツはその場に支持者および証人として立ち会うヴュルテンベルク公の姿を映したものである。それと同時に、錬金術における一般的な象徴として、王と王妃の結婚は、後述するように太陽と月や男性性と女性性、熱と冷などの対立する二極の融合を意味するため、『化学の結婚』もまた同様に「対立する二極の融合」を表すなら、それは錬金術の実際的な工程にとどまらず、当時の社会が抱えていた宗教対立と、それに起因する政治的な対立をも意味しているのだろう。

しかし、アンドレーエらドイツ市民が抱いていた融和への期待が実を結ぶことはなかった。対プロテスタント強硬派のハプスブルク家のフェルディナントが一六一七年にボヘミア王として即位したが、ボヘミアのプロテスタント系諸侯たちはこれに反発し、プラハ城を襲った群衆によって王の顧問官らが窓から投げ落とされる事件が起きた。一六一八年五月に起きたこの「第二次プラハ窓外放出事件」(つまりこれと似た事件が二〇〇年ほど前にも起きていた)を契機として、ドイツは三十年戦争へと突入していく。

ボヘミアの諸侯たちは独自に、プロテスタントであるプファルツ選帝侯フリードリヒ五世をボヘミア王として迎えた。当然ながら、選帝侯とハプスブルク家の間では戦闘が始まった。後に神聖ローマ皇帝フェルディナント二世となるハプスブルク家のフェルディナントは、スペインなどのカトリック諸国からの兵を加えて三万近い勢力を揃えた。一方、傭兵を中心とするプファルツ選帝侯とボヘミア諸侯の兵数は、その半数に満たなかった。前者の勝利は、一六二〇年一一月のプラハ郊外の戦闘で決定的となった（白山の戦い）。

さて、薔薇十字団は基本三文書のヒットによってまたたく間に広く人口に膾炙（かいしゃ）した。ローゼンクロイツの思想に共鳴した者も少なからず現れたが、なかでもミカエル・マイヤーはその代表的存在となった。彼はルドルフ二世のプラハ宮廷で侍医として仕えつつ、後述する『逃げるアタランタ（アタランテ）』をはじめとする一連の錬金術書で高い人気を誇った。その一方で薔薇十字団を危険視する者たちもいた。実際には存在しないフィクション上の架空団体であることを考えれば、こうした反発は滑稽にも思えるが、実際に当時のイエズス会などを中心に薔薇十字団の排斥運動が起きている。

種村季弘が指摘するように、アンドレーエ自身、後には態度を変えて薔薇十字団に関する過去の著作を「ただの遊戯」と片づけている。そこにはおそらく、彼が錬金術的著作物に込めた社会変革の希望がすべて夢と消えたことへの失望もあっただろう。ただ薔薇十字団は著者の手を離れて、奥義を伝える秘密結社として、そしてかつての騎士修道会の意志と理想を継ぐものとして、その後も長く伝説的存在として生き続けることになる。

2　太古の金

オリンピックを筆頭に、一般になんらかの優劣をつける競技会では、優勝者から順に金銀銅のメダルを授与するのがお約束となっている。それらの市場価値がそのまま反映されているように見えるためか、わたしたちは疑問を抱くことさえないが、その起源ははるか昔の古代ギリシャにまで遡ることができる。紀元前七世紀頃のヘシオドスによる『労働と日々』では、歴史を「金・銀・銅・鉄」の四つの区分で分けている。細かく言えば銅と鉄の間に英雄の時代が入るのだが、この四区分はその後もスタンダードな歴史観となって、オウィディウスら後世の著述家たちに引き継がれた。

この順はそのまま、世界が誕生した直後の完全性が、時間の経過とともに徐々に失われて劣化していき、わたしたちがいる鉄の時代になった、という流れで理解されている。完全な状態が「金」であり、劣化した現在が「鉄」であり、人類も同じように劣化したとされる。すなわち、誕生したばかりの人類はより高潔で、知的で、寿命も恐ろしく長い。その後の銀時代の次に来る銅（青銅）時代になると、人類はあまりに凶暴となっていたため、ギリシャ神話のゼウスが大洪水を起こしていったん地上から一掃したほどだ。ちなみに一組の選ばれた夫婦だけが生き残るあたりは、旧約聖書のノアの箱舟とよく似ており、いずれもメソポタミア地域に太古より伝わる「ジウスドラの洪水伝説」がその原型となっている。

劣化人類史観とも呼ぶべきこの概念はギリシャ神話だけのものではなく、多くの神話や伝承に類似の構造を見ることができる。たとえば、旧約聖書の最初のあたりに登場する人間たちの寿命は驚くほど長い。アダムは九三〇歳で、ノアは九五〇歳で亡くなっている。ノアの祖父にあたるメトシェラに至っては九六九歳だ。しかし、ノア以降は徐々に短くなっていき、ノアから数えて一一代目にあたる最初の預言者アブラハムが亡くなったのは一七五歳の時だった。ところが彼らの年齢も、シュメールの歴史書の前ではかわいいものだ。なにしろ、シュメールの『王名表』では、最古の王朝の、最初のふたりの王による統治期間はなんと六万四八〇〇年にもなるのだから。

シュメールやギリシャの神話でも、また旧約聖書でも、最初の人類を創ったのは神であり、その

図1-05　《ヘーベーに扮したル・ファーヴル・ド・ショーマルタン夫人》（ジャン＝マルク・ナティエ画、1753年、ワシントン、ナショナル・ギャラリー）

後は人間同士で子孫をもうけていく。最初の人類が完全体とみなされたのは、それが神による直接の被造物だからこそである。そして神と人類を分かつのは「死ぬ存在であるかどうか」が最大のポイントであるため、「完全体の人類＝神に近い存在＝寿命が果てしなく長いはず」という発想になったはずだ。この公式は、錬金術によって人類が得られる「完全性」が往々にして「不老不死」であることと密接なつながりを持っている。そして人類が完全体だった時代が「金の時代」とされることで示されるように、金は完全性と同義に扱われているため、「金＝完全性」の図式を先ほどの「完全性＝不老不死」の公式と重ねれば、「金＝完全性＝不老不死」という単純な図式ができ上がる。本書で見ていく錬金術の思想のほとんどが、実はほぼこの図式ひとつで単純化できるものなのだ。

　ちなみに、ギリシャ神話では神々も不死の状態を保つために口にしなければならないものがある。それが「ネクタル」なる飲み物である。また本来は神々の食べ物だった「アンブロシア」も後に飲み物をも指すようになる。これはローマ神話では「ネクトール」に相当する。一八世紀のナティエによる侯爵夫人の肖像画（図１－05）は、ギリシャ神話の青春の女神ヘーベーに扮した姿で描かれたものだ。彼女が手にしている水差しと椀にある飲み物がネクタルであり、オリンポスの神々もこれを日々口にしていないと人間同様に死が訪れる。まさに神と人類とを分かつ物質であり、そのためアモール（クピド）との結婚を許されてオリンポスに迎えられる人間プシュケーにも、ネクタルが与えられて永遠の生命が保証される。そこからネクタルには「永遠の若さ」という象徴的意味が与えられ、この絵画をはじめ、特に一八世紀のヨーロッパ宮廷夫人の間で、ヘーベーに扮した肖像画を描いてもらうことが流行した。ちなみに女性の右隣にいるのは大鷲に姿を変えたゼウス（ユピテル）であり、この後絶世の美少年ガニュメデスをさらってきて、ヘーベーが務めていたネクタル給仕係の座をすげ替えてしまう。意地悪な見方をすれば、肖像画のなかで永遠の若き美貌を自慢するかのような婦人たちは、実は美しさでは幼い美少年に負けた女神に扮しているわけだ。

ともあれ、ネクタルが具体的に何を指しているかについては諸説ある。一般的には、古(いにしえ)より栄養価の高さや滋養強壮に良いとされた食物、つまり蜂蜜や葡萄などとする見方が多い。エジプトで遺体の保存に用いられた乳香や没薬(もつやく)、向精神薬の効果を持つキノコの一種を挙げる研究者もいる。なお日本では、英語読みの「ネクター」の名を冠したジュースが半世紀以上前から売られているが、それが桃ジュースであることは興味深い。というのも、中国原産の桃は紀元前二千年頃までにはヨーロッパに入ったが、多くの実をつけることや、おそらく糖度の高さと心臓の形に似ていることなどから「多産・生命力」の象徴となり、洋の東西を問わず「不老長寿」の食べ物として珍重された歴史を持つからだ。

このような「不老長寿をもたらす飲み物」という神話があることもまた覚えておいていただきたい。錬金術が目指すもののなかに、まさに万能薬があり、その探究がさらには医学の発展にもつながる結果となるからだ。加えて、アーサー王の聖杯伝説では、十字架上のキリストの血を受けた聖杯は、後に所有者がそこから水を飲むと不老不死になると伝えられた。錬金術がキリスト教と、また聖杯伝説とも親和性を持つことになった経緯のなかに、不老不死をもたらす飲み物が共通項として機能した点も見ていくことになる。

金属を手にした人類

では、金はなぜ、このような特権的な地位を占め、特別な意味を与えられるようになったのだろうか。

よく知られているように、人類がこれまで手にした金の総量はオリンピックで用いられる五〇メートルプールの約四杯分に満たず、まずはその稀少性が理由として挙げられるだろう（それにしては強盗映画などで銀行の地下にあり得ないほどの量の金塊が並んでいる光景を見るが）。

錆（さ）びない性質は金に永遠性のイメージが付いた最大の要因だろうし、加えて王水（濃塩酸と濃硝酸の混合液）を除けば何をもってしても金を溶かすことができない点によって、無敵の王のようなイメージが金に与えられたのだろう。

白金やウランと並んで最も重い（比重の大きな）金属のひとつであり（一〇センチメートル四方の立方体で一九・三キログラムにもなる）、その一方で柔軟で加工しやすく、また一立方センチメートル四方の小さな立方体（一九・三グラム）の金から、六畳間いっぱいほどの広さの金箔を作ることができるほど展延性に富んでいる。

人類ははじめ金属と石をほとんど区別していなかったと思われるが、そのなかで金は化合物ではなく砂金のような形で、単体で入手でき、また石とは異なる光沢を放っていた。銀や銅も似た利点を持っているが、金と比べれば光沢は鈍く、放っておけばしだいに錆も生じる。メソポタミアでは、銅は紀元前四千年紀の後半から用いられ始めるが、銅の融点は一〇八四度ほどになるため、融点の低い錫と混ぜた青銅（ブロンズ）がほどなく開発されて古代世界の主要な加工金属材料となる。興味深いことに、青銅を最も早く用い始めた民族のひとつであるシュメール人は、自分たちの居住地域ではどちらの原料も採れないため、二大河上流域のアッシリアから銅を、そして今のイラン地方から錫を輸入しており、これが古代からオリエント地域における交易を活発化させた要因のひとつとなっている。

何かを切る道具や武器としては、鉄の方がより優れている。錆びる問題はあるが、日本刀のように焼き鍛えて鋼にすると錆びにくく、硬度も一層高くなる。原材料も豊富で入手しやすいが、なにしろ融点が一五三五度と高すぎるため、人類ははじめ隕石のなかに含まれる隕鉄（ニッケルとの合金）をそのまま利用するにとどまっていただろう。鉄の融解加工を最初にものにしたのは、現在のトルコ中南部にいたヒッタイト人であり、紀元前一七世紀に突如王国を建ててメソポタミアに侵入し、またたく間に同地域を征服した。紀元前一二七四年頃にヒッタイトとエジプトとの間に起きたカデシュの戦いは、引き分けに終わった際に結ばれた停戦条約が、公的な記録として残る史上初の戦争となった。古代文明史において鉄が果たした役割の大きさについては数多くの文献があるのでそちらをお読みいただきたいが、ヒッタイト滅亡後も鉄の融解技術が洋の東西へ広まり、武器にとどまらず農機具や車輪などの移動手段の飛躍的向上につながった。かように、人類の発展史に果たした金属の役割は大きい。

一方、金は大量に採れないものの、いやだからこそ、その貴重さを認められ、加工しやすさも手伝って比較的初期から宝飾品や貨幣として用いられた。一世紀の大プリニウスは『博物誌（Naturalis historia）』のなかで、最初に金の採掘を始めた者として、フェニキア人のカドモスなどの名を挙げている。彼は古代のギリシャに都市国家テーバイを創建したと伝えられる神話上の人物で、ゼウスが牛に化けて誘拐したエウロペの兄（弟とも）として知られている。神話では、後にテーバイとなる地に住み始めてから、アフロディーテとアレスの娘ハルモニアを妻に迎え、その際にアフロディーテが黄金の首飾りを、アテナが黄金の上着をお祝いとして贈ったとされる。かように神話で金とのつながりが深いせいだろうか、カドモスが金採掘を最初に始めた者とされたのだが、大プリニウスはその場所をパンガエウス山と記している。テッサロニキから東へ一〇〇キロメートルほどのところにあるこのパンガエウス（パンガイオン）山は、実際に古くから金鉱山として知られていた。かのマケドニアのアレクサンドロス三世大王（アレキサンダー）の父フィリッポス二世は、この金山の開発のためにその拠点となる街を整備し、自らの名をとってフィリッピ（ピリピ、ピリッポイ）と名付けている。国家運営における金の重要性がわかろうというものだ。

金と国家運営

古代ローマでは金貨か銀貨で税金をおさめていた。ユリウス・カエサル（シーザー）によって八・〇グラムと規定されたアウレウス金貨（図1－06）は、ネロ帝時代に七・三グラムに減らされ、その後も人口増加に金採掘量が追いつかなくなるため徐々に軽くなっていく。ディオクレティアヌス帝の時代に五・五グラムのソリドゥス金貨に切り替わり、コンスタンティヌス帝がさらに四・五グラムに減らして以降は、東ローマ帝国（ビザンティン）で生き続けて「中世のドル」として機能した。

図1-06　アウレウス金貨（アウグストゥス帝時代、紀元前2～紀元4年の間に今日のリヨンで発行されたもの。マドリード、国立考古学博物館）

ちなみに現代イタリア語で「お金」を意味する単語「ソルディ」はソリドゥスに由来する（英語の「ソルジャー（兵士）」もソリドゥスのために戦う人だからである）。

周知の通り、ローマ帝国は北方のゲルマン諸民族との戦いに明け暮れたが、なかでも「ダキア地方」をめぐる戦いは激しかった。東ヨーロッパを流れる大河ドナウは、今日でも多くの東欧諸国間の国境線として用いられているが、これは二世紀のローマ帝国最盛期、いわゆる「五賢帝時代」でも同じだった。広いところでは一キロメートルを超えるその川幅が、天然の巨大な濠として鉄壁の防御力を誇ったためである。しかし、現在のルーマニア南部にあたるダキア地方だけが、ドナウ川の北側にぴょこんと突き出た形をしていた（図1-07）。

いかにも防御の難しそうな場所に位置するダキアは、いきおい北方民族の格好の標的となり、帝国の最大版図を獲得したトラヤヌス帝は第一次（一〇一～一〇二年）と第二次（一〇五～一〇六年）の二度にわたるダキア戦争で、自ら軍を率いてここを死守した。それはひとえにこの地に豊かな金山があったからこそで、帝国の経済を安定させるためには金の安定供給が必須だった。トラヤヌス帝はダキアへの帝国軍の派遣を容易かつ迅速におこなえるよう、古代ローマ世界の代表的な万能人のひとり、ダマスカスのアポロドーロスに命じて、全長一一〇〇メートルを超えるトラヤヌス橋をドナ

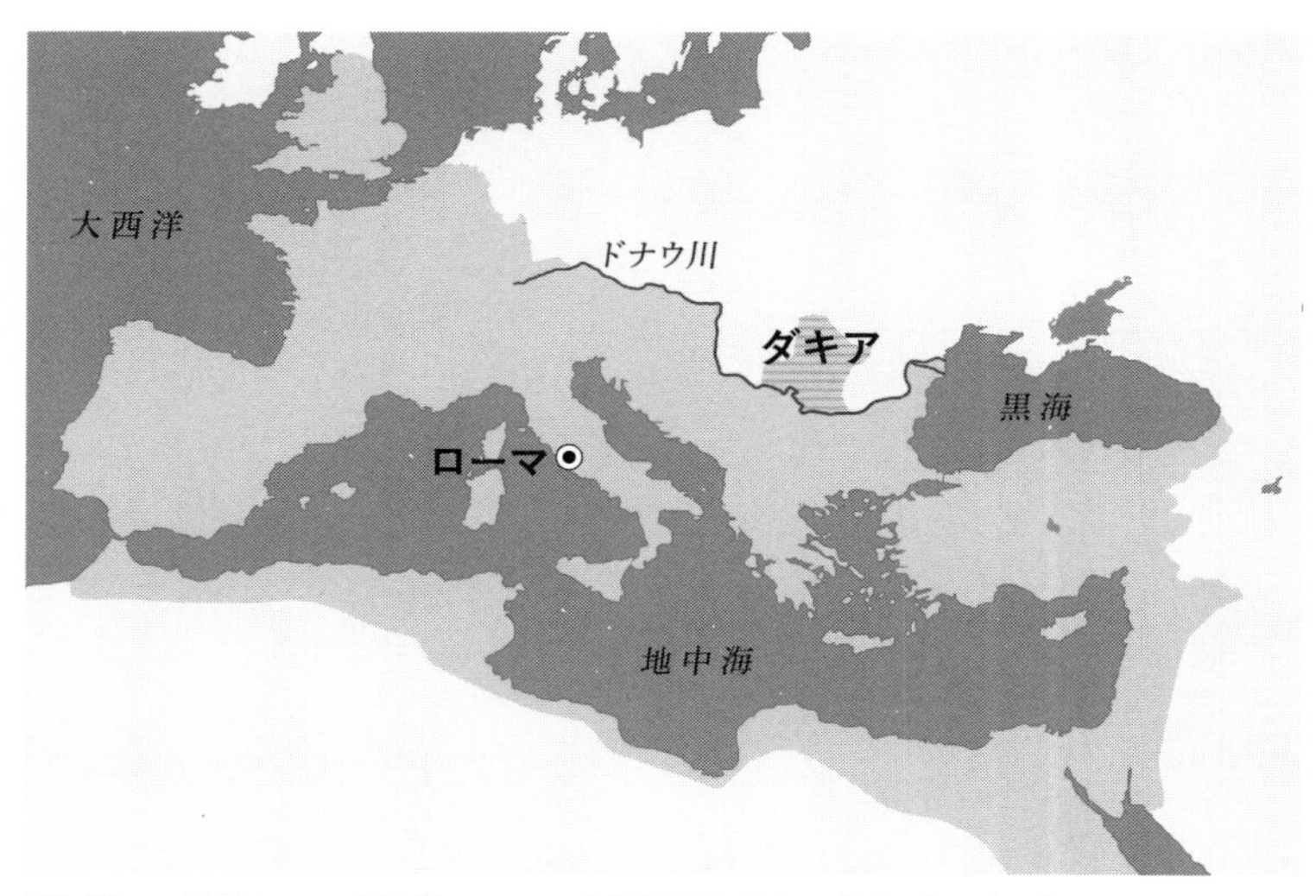

図1-07　ハドリアヌス帝時代のローマ帝国版図とダキア地方（125年頃）

ウにかけた。これは一〇五年に完成し、その後約千年の長きにわたって世界で最も長い橋であり続けた。

貨幣原料の確保が経済の安定に不可欠であることは、一方の銀の枯渇によるインフレーションを見れば明らかである。はじめは一アウレウス金貨あたり二五デナリウス銀貨の換算率だったものが、三世紀には帝国内のほぼすべての銀山が枯渇し、それからは銀貨あたりの純銀含有率が下がるにつれて銀貨の猛烈なインフレが続いた。なにしろ三五六年には、一ソリドゥスが四六〇万デナリウスに相当するほどになる。ヨーロッパが最終的に金銀の安定供給を回復するには、大航海時代に到達した新大陸からの収奪まで待たなければならない。

3　古代地中海世界のものづくり

最初の文字文明を創り出したシュメール人は、ものづくりにおいても人類史の最初のページを記している。粘土板に楔形文字で刻まれたシュメールの神話群では、最初の人類を神の血によって創るとしたもの（「人類の創造」粘土板）を除けば、多くは土によって創られる（「エンキとニンマフ」粘土板、他）。紀元前一八〇〇年頃に成立したシュメール神話を引き継いで、紀元前七世紀頃にアッシリアで記された「ギルガメシュ叙事詩」の粘土板でも、最初の人類は土から創られている。ギリシャ神話の異説のなかにもアポロドーロスのように「土と水」から創ったと伝えるものがあり、周知のように旧約聖書でもアダムは土から創られる。つまり、ものづくりの始まりが土器だったために、神話でも最初に何かを作るプロセスがあれば、それは土によってに違いないと発想したのだろう。

一方で、金属材料をものづくりに利用するまでには、前節で述べたようなハードルをクリアする必要があった。そのため土や石と比べれば金属の利用は限定的な範囲にとどまっていただろうが、それでもたとえばシュメール神話における人間と神との契約の一種である「メー」には、六〇強ほど知られているメー（もともとは一〇〇を超える数があったはずと考えられている）のなかに、「金属の加工」と「鍛冶工の仕事」という二項目がある。

エジプトでの金属加工の歴史も古く、るつぼのなかに入れた銅を熱する様子がパピルスに描かれた例などがあり、そこには早くも足踏み式のふいごの姿もある（図1－08）。なんらかの技術を有していれば必ずその分野を司る神がいるのが古代神話の法則なので、エジプト神話にはプタハという

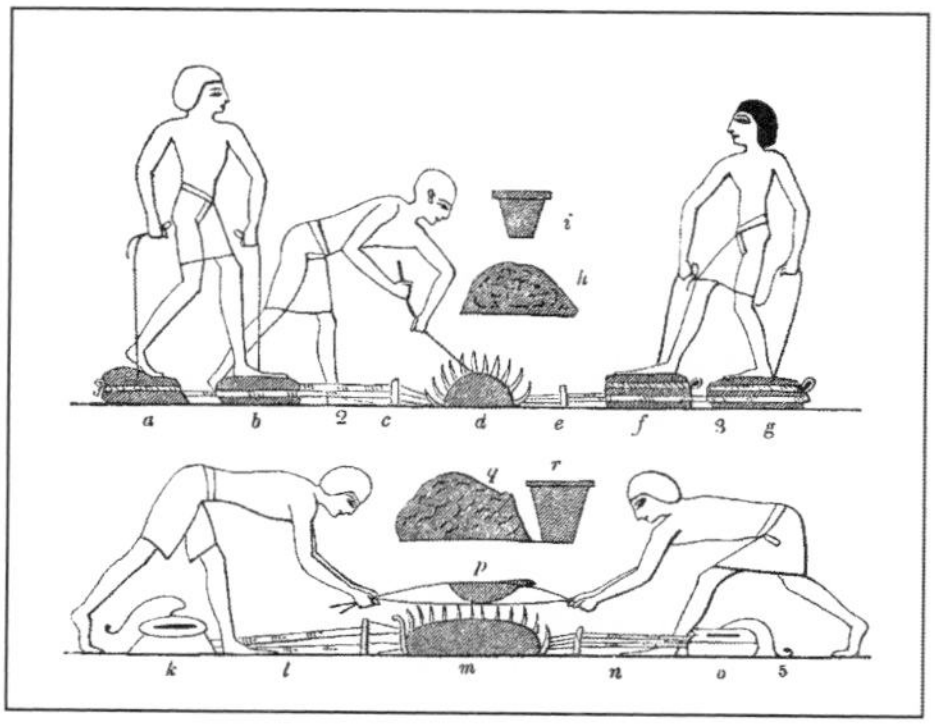

図1-08　パピルスに描かれた、足踏み式ふいごを用いた金属融解〔書き起こし図〕（ウィリアム・B・ジェンセン編『ライデンとストックホルム・パピルス』より、2008年）

鍛冶の神がいる。この神ははじめメンフィスで信仰されていた主神で、同地域ではプタハは世界を創造したともされていた。後のキリスト教図像で創造主がしばしば建築家の姿で描かれたのと似て、万物の創造主たる神はものづくりの鍛冶職人であるに違いないとの連想なのだろう。

地中海世界の文明間交流が進むにしたがって、プタハはやがてギリシャ神話の鍛冶の神ヘファイストス（ローマ神話のウルカヌスに相当）と同一視されるようになる。ものづくりの神＝鍛冶の神＝人間の創造神、という発想で言えば、ギリシャ神話において最初の人類の男性こそプロメテウス神によって創造されたが、それに対抗する形でゼウスの命によって最初の人類の女性パンドラを創ったのはヘファイストスである。ここまで長々と述べてきたのは、後に錬金術が単に金属の変成の術にとどまらず、人間の変成の術ともなったことのベースとなる構造をふまえておきたいがためである。

大プリニウスの記述から

大プリニウスの『博物誌』には、ローマ時代の金に関する諸相がさまざまに記されている。それが地中から掘り出されるとの基本的事項から、エメラルドなどの宝石が見つかって以降の金はそれらの補助的な役まわりになったことまで説明されている。また、金銀貨幣で取引するようになる前は物々交換だったこと、ガリアを征服するまではローマ領内での金採掘量はわずかだったこと、そして金の指輪を身につける習慣がギリシャから伝わったことにも同書は言及している。ただ戦士たちの間では鉄の指輪が一般的で、黄金はむしろ戦場での護符として着用されていたようだ。大プリニウスは、宝飾品はもちろん天井にまで金を貼るような贅沢な使用法には批判的で、特に高利貸しが横行する原因となった面では貨幣の発明そのものを否定的に扱っている。

身分に関する大プリニウスの記述を見てみると、指輪が所有財産の証や取引の際に用いられる印章指輪（日本の印鑑のような役割を持っていた）の他に、主として階級差を表すために使用されたことがわかる。同様に、金冠や金の首飾りなども兵や市民への褒賞として与えられたと記している。また感謝祭では生贄となる獣の角に金をかぶせる習慣があった。

先に金がなぜ特権的な地位を得たかについて考察したが、『博物誌』の著者の考えは違うようだ。大プリニウスはわざわざ「金がとりわけ高価な理由」という項をたて、見解を述べている。彼によればそれは金の色によるのではなく、輝きのせいでもなく、重さや展性によるのでもない。「そうでなくて金は火の作用にその実質を少しも失わず、大火にあっても、火葬壇で焼かれても何の損失を受けないからなのだ」（中野定雄、他訳）。彼は加えて、「いまひとつそれの価値のさらに重要な理由は使用による損耗がきわめて少ないことである」（同前）とも述べている。

これらの記述には少々意外な気はするが、「損耗が少ない」が意味するところは、銀や銅、鉛と比べると、それらを用いて描いた線をなぞると手が汚れるが、金の場合はそうならないことが説明されている。つまりそこでは金が錆びないことが強調されているのだ。よって大プリニウスは、金の耐火性や、他の物質と化合物を形成しにくい性質を最大の長所として挙げているのだろう。それらはやはり、金の純粋性や完全性のイメージに直結する特徴である。さらには、「すべての他の金属は、鉱山で発見されると火にかけられてから出来上がった状態になるのに、金は直ちに金であり、鉱山から採掘されるとすぐさまその実質は完全な状態にある」（同前）点を彼も金の長所として挙げている。一方で、金の粒子を含んだ液状の状態で見つかるものを金鑞と呼んで金と区別している。これは絵画に塗られるといった記述があり、より一般的には金泥と呼ばれるものを指している。

さて、『博物誌』のなかの金に関する記述で、わたしたちが留意すべき箇所があと三つある。ひとつは、銅や銀に鍍金（金メッキ）するには水銀を用いよ、と説いている点である。次に、その道の専門家が鉱石にこすりつけるだけで、そこにどれだけの金や銀が含まれているかを知ることのできる「試金石」なる石があると述べている。そして最後に、金が医薬品としての効果を持つとしている点である。そこでは邪悪な呪いから身を護ることができるとして、金を用いた解毒剤の作り方が示されている。そのレシピは後の錬金術とも共通項を持つため、少し詳しく概要を示しておこう。まず、金一、塩二、黄銅鉱三の重量比で混ぜたものを加熱する。そこへ塩二、「砕けやすい石」（石灰か）一の重量比で混ぜたものを加えてさらに熱する。陶製のるつぼのなかで加熱された後、金以外のものがすべて灰になれば、その金は解毒剤としての効果を持ち、そして残った灰を水で溶いた液体は吹き出物や痔核などの皮膚病を癒すという。

ミダス王とアルゴナウタイ

子どもの頃に、幼稚園などでミダス王の物語を読み聞かされた方は多いだろう。「触ったものがなんでも金になれば良いのに」と望んで、その願いが叶えられたが、自分の娘を抱こうとすると金塊に変わってしまい、悲嘆に暮れたという話だ。「強欲は良くないこと」や「富より大事なものがある」といった教訓譚として語られるエピソードだが、この筋にはいくつかのヴァージョンがある。一世紀の著述家オウィディウスが『変身物語』で伝えるストーリーは次のようなものだ。

ある日、酔っぱらって行方不明になったサテュロス（半人半獣の精霊）のシレーノスを、フリュギアの民が見つける。フリュギアの王ミダスは、シレーノスにかつて育てられたことのあるディオニュソス神のもとへと彼を戻す。その褒美として、ミダス王の望みをひとつ叶えようと神は言う。そこでミダス王は触れるものをすべて金に変えたいと申し出る。神は彼の望みを叶え、喜び勇んで宮殿に戻った彼は、食べようとするものもすべて金に変わってしまうことに気づくのだ——。以上が最も普遍的なストーリーで、娘を抱こうとして金に変わってしまうドラマティックな筋は、一九世紀のアメリカの小説家ナサニエル・ホーソーンによる創作である（図1－09）。

図1-09　金の像と化した愛娘を抱くミダス王（ウォルター・クレイン挿図。ナサニエル・ホーソーン著『ワンダー・ブック』より、1893年）

フリュギアは現在のトルコ中部の地域とそこに住んでいた民族を指し、紀元前八世紀には同地域に王国が建てられた。同国に

図1-10　金製葬儀用面、通称《アガメムノンのマスク》（ミケーネ出土、紀元前16世紀頃、アテネ、国立考古学博物館）

は実際にミダスという名の王が幾人かいて、特に父ゴルディアスとともにフリュギアを建国したとされるミダスが最もその名を知られており、前述の金に変える指をはじめ多くの伝説のモデルになったと思われる。ついでに「王様の耳はロバの耳！」と穴に向かって叫ばれる王の名もまたミダスである。

　その後、フリュギアはペルシャなどさまざまな国の支配下に入って独立を失うが、かつての王国の伝説はオウィディウスの頃にも生きていた。伝説や神話には史実をもとにしたものが多いとの法則通り、トルコも古くから金の産地として知られており、つい二〇二〇年の末にも、まさにフリュギアのあったトルコ中西部で、一〇〇トン近い埋蔵量と推定される大規模な金鉱床が発見されたとの報道があったばかりである。金が豊富に採れれば金細工の文化も育つもので、たとえばハインリヒ・シュリーマンが一八七六年に発見したもののなかに、俗に《アガメムノンのマスク》と呼ばれる仮面があることはよく知られている（図1－10）。この仮面は遺体の頭部に付けられていた葬儀用の面だが、高純度の金が用いられた工芸品としても一級である。

　金が重要な役割を果たすもうひとつのギリシャ神話が、金羊毛皮を求めて航海に出る「アルゴナウタイ」の物語である。テッサリアの王子イアソンが、簒奪された王位を奪還するために巨大なアルゴー船に乗り込み、各地でさまざまな困難を乗り越えて帰還する「クエストもの」の一種である。一大長編なのでここでは筋を追わないが、しかし重要なことは、聖書のような正典を持たないギリ

図1-11 《アルゴナウタイの物語》(ビアジオ・ダントニオ画、カッソーネ装飾板、1465年頃、ニューヨーク、メトロポリタン美術館)

シャ神話は各地に伝わる神話群の集合体だが、そのなかでもホメロスに始まりアポロドーロスらが伝えるアルゴナウタイの物語の出典が、最も古い伝承のひとつという点である。はるか昔から、金を求めて遠征するストーリーが紡がれたわけだが、古いだけあって異説も多く、またこの航海を冥界への旅のメタファーとするカール・ケレーニイの説など、解釈もさまざまである。

アポロドーロスは金羊毛皮がどのようなものか、具体的には語っていない。金羊毛を砂金のメタファーとする見方が一般的だが、金を細く延ばして糸のように織り込んだ布のことは、大プリニウスも言及しているように古くから存在していたため、「金の毛」も案外、高価な金糸刺繍布を指していたかもしれない。美術史ではこれを文字通り「羊」と解釈し、金色の毛を持つ動物の姿で描かれることが多い。ビアジオ・ダントニオによる作例(図1-11)はそのひとつであり、横長のパネルの中央やや上部分で、高く掲げられた棒に金の羊がダラリと力なく引っかけられている。ちなみにこの作品はカッソーネ(長櫃)の前面パネルか、すきま風除けの装飾版であるスパリエーラのどちらかであり、同じくアルゴナウタイの前半部分(船出の場面など)を扱ったヤコポ・デル・セッライオの板絵(同じくメトロポリタン美術館蔵)と対を成している。勇ましい冒険物語の一例であるアルゴナウタイの物語は、結婚に際し婿側が作る画題として人気があるが、そこには少なからず金羊毛皮の探求が、現世の富の追求にとどまらず、人間としての完全性をも望むという錬金術的解釈が知られていたことも寄与していただろう。

もう一点、アルゴー船が目指したのが、金羊毛があるとされた王国コルキスという点も興味深い。というのも、コルキスは黒海東沿岸部に、現在のジョージア（グルジア）の民族が紀元前一三世紀に形成していた国家であり、古くから銅や金の産地として知られていた地域だからである。今日でもジョージアではチョルチャナやカヘチアといった金鉱床で採掘がなされており、やはり同地域は先史時代における金属精錬技術の発祥地のひとつとしても知られていた。ここでもまたわたしたちは、神話や伝説のもととなったであろう史実が存在した例を知るのだ。

4 揺籃期

こうして、金は「永遠性」や「無謬性・完全性」のシンボルとなり、万物の長たる特権的な地位を得た。不死の存在＝神、というすでに述べた公式により、永遠性のシンボルたる金は不死の生命を意味し、そこからそのまま神性を象徴するものとなった。古代エジプトで現人神だったファラオたちは、ツタンカーメンのマスクのように、およそ人の姿からはかけ離れた金ぴかの姿で造形される。または、ギリシャ神話のアルゴスの乙女ダナエのもとへ、ゼウスが黄金の雨に姿を変えて降り注ぎ、思いを遂げる（図1－12）。この金の雨は明らかに精液のメタファーだが、神の精液を別の形で表現するなら完全なる存在である金に違いない、と発想したのは当然のことだ。

図1-12　《ダナエ》（ティツィアーノ・ヴェチェッリオ画、1554年頃、サンクトペテルブルク、エルミタージュ美術館）

神性のシンボルとしての金はユダヤ文化にも引き継がれる。たとえば旧約聖書の「出エジプト記」でモーセのパートナー的立場にあるアロンは、モーセがシナイ山に登ったままいつまでも帰ってこないために不安になっている民をつなぎとめようと、金の装飾品を集めさせて、若い雄牛の像を造らせる。イスラエルの民は祭壇を築いて雄牛の像を掲げ、献げものを焼いて祝祭をおこなった。神はそれを見て激しく怒り、いったんは民を滅ぼそうとまで考える。結局はモーセになだめられて神は考えを変えるが、アロンたちはモーセに厳しく怒られて、像も破壊される。

　プッサンの筆になる絵画《金の雄牛の崇拝》（図1－13）はこの場面を主題としており、画面中央やや左の台上に見事な金の雄牛の像があり、その足もとでは異教的な集団舞踊を踊る人々がいる。画面中央やや右にいるアロンは雄牛を手で指し示し、背後にいる群衆が像の方へ手を差し伸べて祝福にあずかろうとしている。一方、画面左端やや上方には、十戒が刻まれた大きな石板を掲げながらシナイ山を降りてくるモーセの姿が小さく描かれており、これから神の激しい怒りが民衆に下されることが暗示されている。

　遊牧民族たるユダヤ人は、神に感謝を捧げる際に羊や牛を屠る。アロンが金で雄牛を造らせたの

図1-13 《金の雄牛の崇拝》(ニコラ・プッサン画、1633-34年頃、ロンドン、ナショナル・ギャラリー)

は、それが神の化身であり神への感謝のしるしと思ったためだ。当然ながらこれは偶像崇拝の禁止条項に引っかかるため、像はモーセによって焼かれ、粉々に砕かれてしまう。興味深いのは、その後、砕かれた金は水の上に撒かれて、それを民に飲ませるというくだりだ。聖書はこの行動の理由をなんら説明していないが、ここには聖書に頻出するカニバリズム的な文化背景を見ることができる。すなわち、いったんは神の化身として造られた像の一部を体内に採り込むことは、その神性を身体に宿すことであり、ちょうど新約聖書の最後の晩餐でイエスが使徒たちに自らの肉だと言ってパンを食べさせる行為に等しい。そして雄牛の原料が金だった点はそのまま、神性=金という素直な連想によるもので、それを体内に宿すことは過ちを犯した自分たちの浄化のためでもあるのだ。

図1-14 《東方三博士の礼拝の三翼祭壇画》(ピーテル・クック・ファン・アールスト画、1530年代、個人蔵)

新約聖書にも金はそこかしこに登場していて、たとえば東方三博士(マギ)の礼拝のくだりもそのひとつである。イエスの誕生を星によって知らされた東方の三人の賢者が、馬小屋へ祝福に訪れる場面で、彼らはそれぞれ「黄金、乳香、没薬を贈り物として献げた」(「マタイによる福音書」2:11)。この場面は絵画の主題としても人気が高く、三人はしばしば少年・青年・老年、あるいは青年・壮年・老年の三世代の姿で、かつそれぞれ黒人(アフリカ)・白人(ヨーロッパ)・アラブ系(アジア)の人種の姿で描かれる。そこには、幼く未熟なアフリカと、古い文明だがピークを過ぎたアジアという、ヨーロッパ人から見たイメージが反映されている(図1-14)。

没薬は遺体を保存するために用いられてきたことから、キリスト教図像史のうえではキリストの復活と永遠性を表すために描かれる。同様に、高価な乳香は神への敬愛のしるしとして、そして黄金は神性のシンボルであり、また同時にキリストの王権を示すためのモチーフである。万物の王たる金が、王権のシンボルと結びつくことは各地の王家に伝わる金冠で明らかだが、ここではキリストの王権のシンボルともなっているのだ。

エジプトの冶金術

錬金術の歴史を扱った文献で、しばしば言及されるのが「ライデン・パピルス」である。これはアレクサンドリアのスウェーデン領事館で働いていた商人で探検家のジョヴァンニ・アナスタシによって、かつての古代都市テーベで発見され、一八二八年にオランダ政府が購入した一連のパピルス群を指す。それらはAからZまでのアルファベット記号で整理され、ライデン大学図書館に入った。その大半は法律に関する記述だが、V、W、Xには後の錬金術に関連する事項が登場する。

このうちVパピルスでは、花などの植物に関する記述のなかに金を浄化する染料が含まれている。またWパピルスには、占星術の一種として、太陽と乳香、月と没薬、金星とナルド（香油の原料となるオミナエシ科植物で、聖書にも登場する）、水星と肉桂（シナモン、カッシア）といった対応関係が示されている。そしてXパピルスがいわゆる冶金術についてのもので、貴金属の抽出方法から偽金属の造り方までの実用的なメモが一〇葉のパピルス紙に書かれている（図1－15）。

金四、銅三、ヒ素一を融解して混ぜれば金が増量される、といったたぐいの記述も多い。つまりは二四金ではなく一四金などへ純度を落とした金の精製方法である。こうした「金を増量させる方法」や「銀を金に見せる方法」などに多くの紙葉が費やされているのは、特に詐欺などの犯罪目的

図1-15　《ライデン・パピルス（Xパピルス）》（3世紀頃、ライデン、大学図書館）

というよりも、壁画などにおいて高価な大理石に見せるための特殊なフレスコ技法などと同様に、稀少な原材料を節約するためにも必要だったのだろう。そしてそれらの知識に通暁すれば、注文主の目をだまして利益を得ようとする企みを防ぐことにも応用できたはずだ。

「ヘウレーカ！（わかった！）」で名高いアルキメデスの発見も、紀元前三世紀のシチリア島におけるギリシャ系植民都市シラクーザを舞台に、こうした金の増量を見抜く方法をめぐるエピソードだ。同市の王が、職人たちに造らせた金の王冠に、銀による増量がなされていないかを知る方法はないかと問われて、アルキメデスは風呂に浸かった時にあふれ出る水を見て比重計測を思いつく。こうして古代から金に混ぜ物をする技術が発達し、それに対抗するための理論もまた蓄積されていったのだ。

ともあれ、古代地中海世界においてエジプトの冶金術が高いレベルに達していたことは、先述のパピルス群によって明らかだ。ただそれは、金ではないものから理論的に金を得ようとする純粋な錬金術とは言いがたく、ましてや精神的な修養や人間自体の変成を目的とするものではなかった。

メソポタミアの占星術

後の西洋錬金術において占星術が占める比重は大きい。農耕をするうえで、いつから暖かく、あるいは寒くなっていくかを知るのは重要なことで、春分と秋分の日を見極めるためにも、人類は農耕を始めると同時に太陽や月、星々の動きを注視し始めたはずだ。いつ頃から雨季になり、いつ頃から作物が実をつけ始めるのか。さらには自分が今どこへ向かって進んでいるのかさえ、星の動きを知らずに把握することは難しい。こうして占星術は文明の最初期に誕生した。

西洋文明の母となったメソポタミア地域では、文字と同様に農耕も早くから始められた。しかし肥沃な三日月地帯では雨水をそのまま用いる天水農法が可能だったが、ティグリス、ユーフラテスの二大河中流域から河口付近にかけての地域ではそれほどの降水量がなかった。そのため同地域では灌漑農法が考え出され、都市の周囲をぐるりと運河が取り巻いているテル・エス＝サワーンのような都市構造が早くも紀元前六千年紀に造られている。当然ながらこうした都市国家群ではそれまでよりも高いレベルの建築技術や測量技術が求められ、そうした技術進歩に引っ張られるように天文学が発達している。

人々は月の形の変化を見て、新月から次の新月までを「ひと月」という時間の単位とした。一方、日光が地面に描く影をもとに、太陽が元の位置まで戻ってくるまでの期間を「いち年」とした。こうして得られた月（朔望月）を一二倍するとほぼ一年（太陽年）に等しくなる。そこから十二進法を基準とした時間の単位がさまざまに作られ、黄道十二宮が西洋占星術の基本的要素となるに至った。またひと月の半分（満月）とさらにその半分（半月）も時間計測の重要な区分となり、そこから後の七曜へとつながっていった。さらに、十二の約数である三と四に基づく正三角形と正方形は、形態の単純さもあって聖性を与えられ、太陽や月の形である正円とともに西洋文化のあらゆる側面で神聖視されることになる。

一方、農業にとって太陽はあらゆる作物の恵みをもたらす「すべての父・すべての母」であり、ほぼすべての神話体系において太陽神が最高神を務めることになった。そして、太陽が沈むと現れ、太陽が昇ると姿を消す月は、太陽と対を成すパートナーとしてみなされ、また同時にその対概念ともみなされた。前者の考えからは月を太陽の妻、最高神の配偶神として、後者の考えからは生命を司る太陽に対して死を司る月とのイメージを育てた。「太陽＝夫、月＝妻」と、「太陽＝命、月＝死」という公式は、後の西洋錬金術が形成されるうえで、一種の共通認識となっている。

当然ながら古代の天文学は太陽と月の観察だけにとどまらず、他の惑星と星座の考察にもおよんだ。人々は天空でひときわ明るく輝く惑星たちを識別するために呼び名を付け、神として扱った。一方、星座は広大な天空のカンヴァスに描かれた無数の絵画に等しく、そこに人類はさまざまな形態をあてはめ、ストーリーを考え出して神話として紡いでいった。メソポタミアの都市国家群では、星を神として崇める神殿がさまざまに建てられ、それぞれの都市国家を守護する神もまた創り出されていった。

ここで駆け足で振り返った占星術の基礎はバビロニアで整備され、それらの多くが後の西洋文明に採り込まれていった。たとえば、バビロニアの太陽神シャマシュはギリシャ神話のヘリオスの、そしてローマ神話のアポロ（アポロン）の原型となった。《太陽神のタブレット》と呼ばれる石板レリーフ（図1－16）は、古バビロニアのシッパルで出土したもので、シャマシュ神の姿が彫られている。右に座っているのがシャマシュ神で、さらに画面中央に彼のシンボルでもある太陽の円盤が

図1-16 《シャマシュの石板（太陽神のタブレット）》（シッパル出土、紀元前860-850年、ロンドン、大英博物館）

ある。レリーフ上方にはその台を上から綱で吊り下げる二柱の神の姿があり、台座が地面からやや浮いているように見えるのは、太陽が彼らの操作によって空中に浮かんでいることの表現だろうか。この石板の下半分には楔形文字で詩と散文がびっしりと刻まれており、そこではいったん失われたシッパルのシャマシュ神殿を再建するために、ラピスラズリと金で復元したことが書かれている。つまりここでも太陽＝金の公式を見出すことができる。ちなみに、名高い《ハンムラビ法典》の石柱（紀元前一七九二～一七五〇年、パリ、ルーヴル美術館）の最上部にあるレリーフで、ハンムラビ王に法典を授けているのもシャマシュ神である。

さらに、バビロニア神話の月の神シンがギリシャのセレネ神、ローマのディアーナ神のもととなった。またギリシャ神話のアフロディーテ（ローマ神話のウェヌス〔英語読みでヴィーナス〕に相当）の原型が、エジプト神話のイシスとバビロニア神話のイシュタルであること、そしてその原型をさらに古いシュメール神話の月の女神イナンナに求めることができることはよく知られている。これら星々の神は七曜を象徴し、後には七つの金属と結びつけられ、なかでも太陽と月は錬金術図像において主役級の扱いで活躍することになる。

中国の錬丹術

紀元前一四四年、前漢の第六代皇帝の座にあった景帝が、偽の金を造った者を公開処刑に処するとの勅令を出している。禁止する必要があったということは、それだけ当時の中国で金の偽造が盛んにおこなわれていたことを証明している。そしてまた、景帝の後を継いだ武帝が、禁令からさほど時をおかぬ紀元前一三三年に、ある錬金術師を宮廷に迎え入れたことも伝えられており、中国の為政者たちがこの術に高い関心を持っていたこともよくわかる。

最初に錬金術をおこなったとされる、紀元前四世紀の騶衍（すうえん）なる人の名も伝えられているが、楽器を奏でるとキビが実ったなどの魔術的な奇跡譚にあふれる伝説的な人物である。一方、中国における錬金術関連では最古とされる文献として、魏伯陽（ぎはくよう）による『周易参同契』（しゅうえきさんどうけい）が知られている。中国の錬金術（錬丹術）についての数少ない研究者である科学史家、吉田光邦によれば、同書は道教の思想のうえに立っており、参同契とは儒教の易学と道教の哲学、そして錬丹術から成る一種の三位一体論を論ずるものである。錬丹術とは丹薬を作り出すわざのことで、この丹薬こそが卑金属を貴金属に変成せしめる物質を指している。

魏伯陽が自然界を把握するための前提としたのは、従来の儒教的な陰陽による二元論的見方である。このように定義する限り、同根から発した仙術（道教における神格とも言える仙人になるための術）が持つなにやら妖しげな非科学的アプローチを想像してしまうが、実際には魏はそこからやや距離を置き、化学的な現象と結びつけようと試みている。前項で見たような太陽と月を対概念とする考えは、当然ながら儒教的な陰陽の二項対立にほぼ等しいと言えるが、魏は丹薬の原料となる金と水銀のふたつについて、金を太陽とし、水銀を月として化学現象を理解する。水銀は一部の金属を除

図1-17 《抱朴子葛洪》（歴史上の有名な医師たちの肖像を集めた明時代の版画。16世紀末頃、ロンドン、ウェルカム・コレクション）

いて、他の金属と結合して合金（アマルガム）を作りやすい性質を持つが、この現象はすなわち陰陽の結合として説明されるのだ。

魏伯陽は後漢から呉にかけての人物と考えられているが、同書の成立を唐代とする説もある。一方、中国の錬金術史における巨人である葛洪は、実在と活動年代が明確にわかっている晋代の人物である（図1－17）。彼の『抱朴子』（葛洪の号がそのまま書名となっている）は、内篇二〇、外篇五〇から成る大著で、三一七年に完成した（もとは一一六篇あったとする記述もある）。同書の目的は道教の中心思想のひとつである神仙術の方法を、金属変成の術を手掛かりに説くものだ。つまり目的は卑金属を貴金属に変える丹薬をもって、人を仙人に変える仙薬とすることであり、だからこそ歴代王朝が不老長寿である仙人となれるこの術に夢を見たのである。

「そもそも丹薬というものは、長く焼けば焼くほど霊妙な変化をするもの。黄金は、火にかけて何度鋳なおしてもへらないもの、地中に埋めても永遠に錆びないものである。この二つの物を服用して、人の体を錬るからこそ、人を不老不死にできるのだ」（本田濟訳）。道教の開祖とされる伝説的な存在の黄帝をはじめ、仙人となった者は皆これを服用して天に昇ったと葛洪は説く。内篇の第四巻はこの妙薬たる「金丹」について記したもので、調合方法も記されている。同書にはその原料として、黄金と水銀、雄黄（石黄とも呼ばれるヒ素の硫化鉱物）、氷石（水晶）、紫遊女（岩塩のこと。戎塩とも）、玄水液（水銀）、金化石（硝石）、丹砂（辰砂とも呼ばれる硫化水銀で、日本では丹と呼ばれていた）が挙げられている。葛洪によれば、これらを混合して密封しておくと液体になるとされているが、これが「金液」である。

「金液を口に入れると、その体はすべて金色になる」（同前）。この記述からは、金液の服用による仙人化は、すなわちその人自体が金化することを意味していたことがわかる。このあたりは、後述する西洋錬金術における「賢者の石による人自体の変成」によく似ている。これまでも議論されてきたように、中国の錬丹術がメソポタミアやエジプトに伝わった可能性は否定できない。しかし地中海地域で錬金術が隆盛を迎える頃には、中国における錬丹術はすでに衰退期に入っており、北宋が興る一〇世紀後半までにその化学的アプローチはほぼ姿を消す。そのため西洋錬金術を主として扱う本書では、この先中国の錬丹術に言及することはない。しかし、よく言われる「西洋の錬金術は金を求め、東洋の錬丹術は薬を求めた」との見方は単純にすぎよう。すでに見たように、金液は金属も人も金化、すなわち完全なものとするが、とりもなおさずその効果と目的は、これから見ていくように西洋錬金術においてもなんら違いはないのだから。

第2章　地中海地域における形成

1　ヘルメスの学

古事記でも旧約聖書でも、およそ聖典や経典のたぐいにはその最初に神話的段階の記述部分があるものだ。地中海地域における西洋錬金術の歴史も例外ではなく、この段階に属する有名な人物がいる。ギリシャ語で「三重に偉大な（三倍賢い）ヘルメス」を意味する名を持つヘルメス・トリスメギストスである。

ヘルメス（ローマ神話のメルクリウス［英語読みでマーキュリー］に相当）はギリシャの神々の伝令係であり、空を駆けるための羽付きサンダルと兜を身につけた姿で描かれる（図2-01）。そこから旅人の守護神ともなっている。余計なことだが、有名ブランドのエルメス社は馬具などの旅製品の会社として設立されたので、ヘルメス（フランス語読みでエルメス／エルメ）の名をとったと思っている人がフランスにまで多くいるが、なんのことはない、設立者の名がティエリー・エルメスだったというただの偶然である。

ヘルメスはプレアデス（昴）七娘のひとりマイアとゼウスとの間に生まれた神とされるが、もとはエーゲ海地域に早くから住んでいたペラスゴイ族の豊穣神（牧羊神）だったと考えられている（そのため男根を持つタイプのヘルメス神像が存在する）。それが、ギリシャ各地から地域信仰が集められ、体系化されていくにしたがって、属性を他に譲り合ったりしつつ神格が固まっていった。こうしてヘルメスは現実世界における旅と冥界への旅の双方における「旅の守護神」となり、また「知性の神」として、医学などの諸学問や音楽、発明や技巧各種の神としての属性を手に入れ、さらには「富の神」として商業や賭博の守護神となった。

図2-01 《メルクリウス》（ジャンボローニャ作、1580年、フィレンツェ、バルジェッロ美術館）

掲載したジャンボローニャによるブロンズ像で、ヘルメスが手にしているのが、彼のアトリビュートでもある「カドゥケウスの杖」（ケリュケイオンとも）である。先端に翼のある笏に、二匹の蛇が交互に螺旋を描きながら巻きついた形をしている。蛇は賢明さのシンボルでもあり、自然の治癒力を表すものとして医療の神アスクレピオスが持つ杖にも蛇が絡みつく。カドゥケウスの杖でも医学はもちろんのこと、ヘルメスの属性である学問や商業、旅、さらには権威的な力や生命力のシンボルともなっており、「万能の杖」と呼んでも差し支えない（図2－02）。

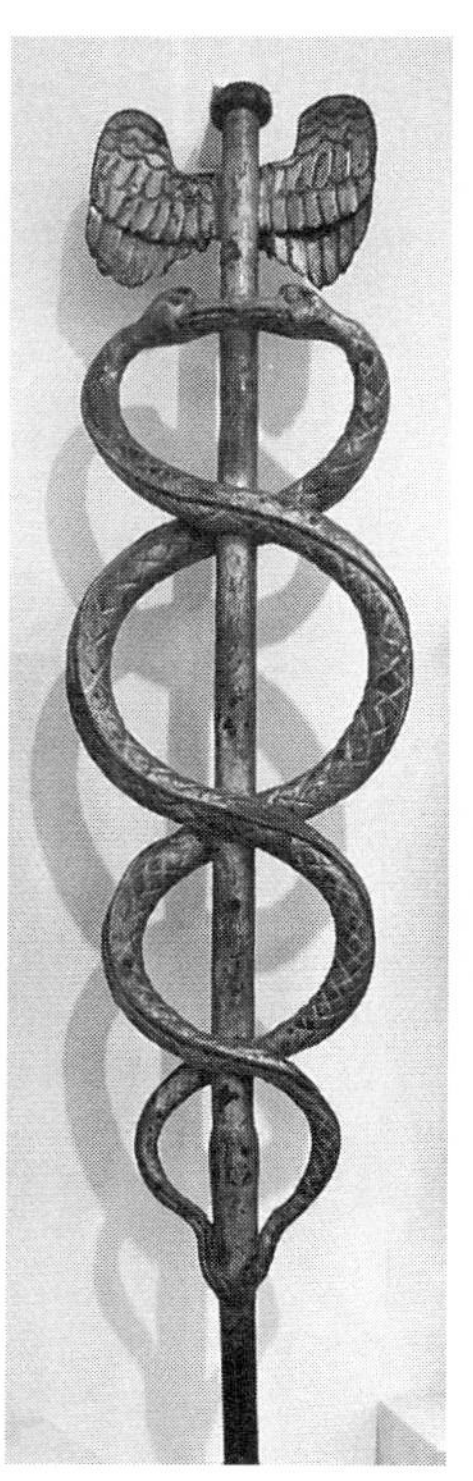

図2-02 《メルクリウスの杖》（かつて1688年に建てられた旧両替所のメルクリウス像が握っていたもの。バルトロメウス・エッゲルス作、1670年頃、アムステルダム歴史博物館）

本来は蛇ではなく、二本の木の枝が絡む形状だったとされる。それはすなわち水脈や鉱脈を探す際に使われていた、細長い逆V字の枝から成る占い棒に起源があると考えられている。偶然かもしれないが、カドゥケウスの杖が早くから錬金術のシンボルのひとつとなったことを思えば、それが金の鉱床を探すための用具に由来する点は興味深い。

先に占星術の項で諸惑星とギリシャ／ローマ神との関係に触れたが、ヘルメス／メルクリウスは伝令係として天空を素早く駆ける点で「水星」と結びつけられた。一方、諸金属のなかで唯一「液体の状態にある金属」として早くから知られていた水銀は、銀色をしていることで「水銀」と名付けられた（ギリシャ語の hydrargyrum［水銀］も hydor［水］と argyros［銀］から成る）。完全に静止した状態の他の金属と異なり、液体として容易に動き、表面張力が極度に高いため少量では球状にまとまって転がりやすく、また気化も早いといった性質から、水銀は「クイックシルバー」とも呼ばれ、やはり最も速く飛び回る神であるヘルメス／メルクリウスと結びつけられた（メルクリウス神の英語表記である mercury は、水星と水銀をも意味する語である)。

加えて、アスクレピオスの杖では一匹だった蛇が、カドゥケウスの杖では二匹に増え、整然とした左右対称の二重螺旋を描いている点も重要である。というのも、それらは常に反対を向いて、おたがい逆の曲線を描き合う関係にあり、すなわち前に述べた「対概念」のシンボルともなっているからだ。それらはすなわち、すでに述べたように太陽と月(陽と陰)、男性性と女性性といった対概念のペアである。

ヘルメス・トリスメギストス

ギリシャ神ヘルメスは、共和政ローマと帝政ローマが地中海全域を支配するにしたがってローマ神メルクリウスと習合した。しかしそれより前にも、ヘルメスは他の神と習合したことがある。それが先行文明であるエジプトにおける知恵の神トートであり、アレクサンドロス三世大王の東征をきっかけとする「東西文化の相互影響時代」たるヘレニズム時代に両者は融合した。さらにその後、バビロニア生まれで錬金術を創始した人間ヘルメスなる新たなキャラクターが考え出された。先に述べた「三重に偉大なヘルメス=ヘルメス・トリスメギストス」の名は、これら三つのキャラクターから成る一種の三位一体像をも意味している。

偉大な人物は、偉大な過去に生きた人物でなければならないのか、ヘルメス・トリスメギストスは中世ヨーロッパのキリスト教的錬金術史観のなかで旧約聖書のモーセと同時代の人物とみなされるようになっていく。しかし興を削ぐようだが、実際にはヘルメス・トリスメギストスなるキャラクターが創り上げられたのはそれほど古い時代のことではなく、中世のイスラム世界においてのことである。

一方、ヘルメス・トリスメギストス自身が書いたとされていた文書群を「ヘルメス文書」と呼ぶ。これらは実際には、早いもので紀元前一世紀（紀元前三世紀とする説もある）に、遅いものでは四世紀にかけて成立した文書群である。よって書かれた時代もさまざまなら、内容も純粋な錬金術のものはあくまで一部で、他は魔術や占星術など多岐にわたる。少々複雑だが、つまりは古代から書かれてきたいくつかの錬金術関連文献を、もっと昔に生きたとされた人物（実際にはもっと後の世に考え出された架空の人物）が書いたものとして、便良くまとめられたという次第だ。

ヘルメス文書の多くは、編まれた時代的に、三世紀のプロティノスらの新プラトン主義（ネオ・プラトニズム。ルネサンスのメディチ家文化サークルで有名なネオ・プラトニズムとは時代が大きく異なる）や、後述するグノーシス主義の思想の影響をまともに受けている。正典福音書として新約聖書に採用された四福音書（マタイ・マルコ・ルカ・ヨハネ）以外にも多く存在していた福音書群が、そのグノーシス主義的色彩によって異端扱いされたり偽典にカテゴライズされたりしたのと似て、ヘルメス文書群もまた、キリスト教一色だった中世ヨーロッパであまり表立っては活動しづらい状況にあった理由を、そのグノーシス主義的傾向に求められるかもしれない。

一方で、ヘルメス・トリスメギストスの賢者としての伝説は中世ヨーロッパでも広く知られており、マルシリオ・フィチーノらイタリア・ルネサンス期のネオ・プラトニストらは、彼を前キリスト時代における異教の偉大な預言者とし、あまつさえキリストの到来を予見した人物とした。ルネサンスのイタリアにおける代表的な教会装飾のひとつであるシエナ大聖堂身廊部床モザイクの、しかも正面入口を入ってすぐの真ん中に、いかにも異教徒らしき姿をしたヘルメス・トリスメギスト

図2-03 《ヘルメス・トリスメギストス》（シエナ大聖堂身廊部床モザイク、1480年代、シエナ大聖堂）

スのモザイク画（図2－03）があるのは驚くべきことだ。

コルプス・ヘルメティクム

ヘルメス文書のなかで、その中心を占めるのは宗教・哲学的内容を持つ文書群であり、それらのみを指して「コルプス・ヘルメティクム（Corpus hermeticum = CH）」と総称する。ヘレニズム時代のギリシャ文化圏エジプトにおいて、ギリシャ語で書かれた同文書群は膨大かつ難解だが、日本は他国に先駆けてその多くを訳出した国でもある。ここではそのなかから『CH－I（ヘルメース・トリスメギストスなるポイマンドレース）』の一部を見てみよう。

同書では、ヘルメス・トリスメギストスがポイマンドレースに問いかける形をとるが、このポイマンドレースとは人名ではなくエジプトで「ラーの知恵」を意味する「ペイメ・ンテ・レ」から付けられた名前である。つまりそれは太陽神ラーの叡智そのものであり、同書の冒頭でもポイマンドレース自ら、「絶対のヌース（叡智）」だと自己紹介している。

ここからしばらく専門的な用語がいくつか登場するが、本書の論を進めるにあたって不可避の用語ばかりなので、手短に説明しながら進んでいこう。「ものごとの本質を理解したい」と願うヘルメス・トリスメギストスに対し、ポイマンドレースはまばゆい光に姿を変えて、一種のヴィジョンを見せ始める。そこで「聖なるロゴスがフェシスに乗った」(荒井献・柴田有訳、以下同)。ロゴスはギリシャ哲学のみならず西洋哲学と神学における重要単語であり、その指し示す範囲は実に広いが、ことばや思想といった「(物質によらない)ものごとの本性・本質」を意味するとしてよく、場合によっては神とその教えと聖霊を、あるいは霊的な真理を指す点でイデアと言い換えることもできるだろう。一方のフェシスは「自然」の語があてられるのが一般的だが、訳者によれば同書では「それから四元素が生じ、さらに世界が構成される母胎」を意味する。よって先の「乗った」という文は、「男性原理であるロゴスと女性原理であるフェシスとの性的結合の表象」(同前)にほかならない。

同書は万事この調子で難解な文章が続く。「神なるヌースは男女(おめ)であり、命にして光であるが、ロゴスによってデーミウールゴス(造物主)なるもう一人のヌースを生み出した。彼は火と霊気の神であって、ある七人の支配者を造り出した」(同前)。「男女」とは、本書でこの先何度も言及することになる両性具有体のことであり、つまりは完全体を意味する。またデミウルゴスとは旧約世界における万物の創造主としての神であり、高次の至高神と、物質を創り出す低次の神とを分ける思想のうち、後者を指す時の名である。これは後述するグノーシス主義の中心思想である「精神(魂・霊)=善、物質(肉体)=悪」の公式に基づくものであり、早くから錬金術とグノーシス主義が分かちがたく結びついていたことがよくわかる。そこでは、人間だけでなく、デミウルゴスもまた至高神による被造物とみなされる。また「七人の支配者」とは、先に挙げた七曜と結びつけられた七天体のことである。

ヌースたるポイマンドレースは言う。「人間はすべての地上の生き物と異なり二重性を有している。すなわち、身体のゆえに死ぬべき者であり、本質的人間のゆえに不死なる者である」（同前）。この言説は重要である。というのも、至高神が創り出した人間は美しきフェシスのなかに自分を置きたいと思い、そのため「ロゴス無き姿」を得て地上に住み始めたことで、本来は霊的なロゴス的側面と物理的肉体というフェシスを同時に持つ存在と解釈されているからである。「霊肉二元論」と呼ばれるこの考えは、「精神（魂・霊）＝善、物質（肉体）＝悪」とするグノーシス主義思想そのもので、至高神（ユダヤ教のヤハウェにあたる）が直接創ったはずの「霊的に完全なる人間」が、なぜ劣った「物質的なる肉体」を持っているかの説明となっている。

そして重ねて重要なことは、この言説が、錬金術によってなぜ人間が不老不死の存在に変わることができるかについての根拠ともなっている点である。なぜならそれは、わたしたち人間のなかに、霊的な存在であるロゴス的本質があり、その部分は本来なら死ぬ存在であるはずがない、という考えにつながるからである。

エメラルド板の発見

ヘルメス・トリスメギストスの存在が架空のものなら、ヘルメス文書としてまとめられた文書群もさまざまな時代の異なる著者たちによるものだったわけだが、そうした偽書のたぐいは錬金術関連文献には非常に多い。そうしたヘルメス・トリスメギストスが書いたとされるもののなかで最もよく知られているのが、『エメラルド板（ラテン語でTabula smaragdina、アラビア語でLawḥ al-zumurruḍ※）』である（ただし同書を先のヘルメス文書のなかに含めない見方もある）〔※以下同様に、アラビア語文献もアルファベットで表記」。

エメラルド板（エメラルド表、エメラルド・タブレット）については、長らくラテン語で書かれたものしか知られておらず、その原典となったであろうギリシャ語版テキストは見つかっていない。しかし、アラビアの錬金術関連文献群である「ジャービル文書（Jabirian Corpus、ジャービル文献）」のなかの『根源となる元素についての第二の書』に、エメラルド板のアラビア語版が含まれていることが、エリック・J・ホームヤードによって一九二三年に発見された。

ジャービル文書自体、八世紀の人物とされる錬金術師ジャービル・イブン・ハイヤーンに帰属される文書群だが、ジャービルという人物自体にも謎が多く、ひとりの人物を指すのかどうかさえ定かではない。そのためジャービル文書もただひとりの手になる文書群とすることに疑念を抱く向きも多いが、この点については後述する。

『エメラルド板』はヘルメス文書のみならず、あらゆる錬金術書のなかで最も有名なため、これまで多くの研究がなされてきた。しかし、いまだ謎が多く、執筆地域からして諸説ある。一般的にはエジプトやアラビア地域が考えられているが、ユリウス・ルスカのようにさらに東方からもたらされたとする説や、はてはジョゼフ・ニーダムのように中国起源を唱える研究者もいる。

執筆時期に関しても、チェリー・ジルクリストのように紀元一世紀頃に書かれたものとする者もいれば、マンリー・P・ホールのように成立自体はもっと古い時期と見る説がある。もちろん後世の偽書とする研究者も少なくなく、またピエール・E・M・ベルトゥロの著作のように今日でも錬金術に関する基本文献でありながら、ホームヤードによる訳の刊行以前であることもあって、エメラルド板に関する記述が一切ない研究書も存在する。

ライムンドゥス・ルルスとローレンス・M・プリンチーペによれば、現時点で判明している限り、アラブ世界においてエメラルド板が初めて紹介されたのは、『創造の秘密の書（Kitāb sirr al-khaliqa）』に補遺として収録された時のことである。この書もまた一世紀のギリシャの数学者、テュアナのアポロニオスによって書かれたように偽装されており、実際には八世紀にアラビアで編纂されたものである。よって想定される実際の著者については、アポロニオスのアラビア語読みであるバリーヌースの名で呼ばれている。

エメラルド板の発見のいきさつについてもさまざまな伝説がある。バリーヌースによれば、ヘルメス像の足もとに隠されていた地下墓所に古い遺体があって、その両腕の間に板が挟まれていたという。この遺体の主をヘルメス・トリスメギストス本人とする異説もある。また他の言い伝えでは、それはある修道士によって、鷲に護られたピラミッド風建物のなかで発見されたことになっている。錬金術書『立ち昇る曙光（Aurora consurgens）』に付された挿絵（図2－04）はその場面を描いたもので、画面右下で修道士がエメラルド板を広げており、その背後では修道院のような建物の屋根に鷲が何羽もとまっている。

図2-04 《エメラルド板の発見》（『立ち昇る曙光』より、15世紀、チューリヒ中央図書館）

伝説はいつも尾ひれが付いて膨らんでいくものだが、エメラルド板自体、もともとはノアの箱舟に載せられていたとする、ややダイナミックにすぎる言い伝えまである。ノアの箱舟に乗っていた人物こそヘルメス・トリスメギストスで、彼をアダムの孫とする言い伝えさえある。いずれにせよ、碑文が彫られていたとされるエメラルド板自体が現存しないため、確かめるすべも明確に反論できるだけの材料も欠けている。

エメラルド板の内容

エメラルド板の記述は至極短いものだ。今では異なる典拠を持つ、アラビア語やラテン語による複数のテキストが知られているが、ここでは先述のホームヤードによって紹介された初期ジャービル文書の英訳文から訳出しておこう。


それは真理、確たるもの、疑う余地など無い。

上のものは下のものから、下のものは上のものからもたらされる。ただひとつのものが起こしうる奇跡。

万物がただひとつのものから生じたように。

その父親は太陽、その母親は月。

大地がそれを胎内に抱き、風がこれをその胎内で養う、
大地が火に変わるなら。

大いなる力をもって、かすかなものから大地を養う。

それは地上から天へと昇って、上のものと下のものとを支配する。

一二世紀からヨーロッパで普及したラテン語版などでは「その力は完全無欠」といった文がいくつか途中に増えており、文章量も初期ジャービル文書の約一・五倍ほどの長さになっている。なかでも特に知られているのが、「この世の叡智の三部分を備えるため、我はヘルメス・トリスメギストスと呼ばれる」という一文である。

ハインリヒ・クンラートの『永遠の智恵の円形劇場（Amphitheatrum sapientiae aeternae）』にある想像図（図2－05）などはこうしたラテン語版のひとつに基づいており、洞窟にあったとする発見譚やピラミッド起源といった言い伝えを受けて、タブレットを小さな山のような形状で描いている。

図2-05　エメラルド板の想像図（ハインリヒ・クンラート著『永遠の智恵の円形劇場』挿図。1602年）

文章は短いながらも寓話的で難解に思えるが、これまで見てきたような「対概念の存在とその融解」や「太陽と月」といった要素があることは、書かれた内容の理解をやや容易にする。「上のもの」と「下のもの」は単なる「天と地」の言い換えのみならず、マクロコスモスとしての「天上界」とミクロコスモスとしての「地上界」であり、またそこから（天にいる）霊的・精神的な存在である「魂やロゴス」と、（地にいる）物質的な存在である「肉体やフェシス」をもその意味に含んでいる。

そして「ただひとつのもの」は、万物をそこから生じせしめたとの記述からも至高神的な「一者」のことを明らかに指している。さらに注目すべきは「大地（土）、火、風（空気）、水」という古代ギリシャ起源の「四大元素」について言及されている点である。この思想については次節で扱う。

エメラルド板を錬金術の奥義書とみなして解読を試みたひとりがアイザック・ニュートンである。万有引力の発見やプリズムによる光学分析などで科学史に燦然と輝くこの巨人が、同時に熱心な錬金術の探究者でもあったことはよく知られている。彼が一六八〇年代にエメラルド板に付けた注釈では、下のものと上のものとの対立項を、固形のものと揮発するものは、男と女がもとは男女（おめ）だったように、対立しながらもともとはひとつだと読んでいる。同様の関係は硫黄と水銀という錬金術の基本物質についても述べられており、水銀が成熟すれば硫黄となる関係性（と少なくともニュートンは考えていた）から、それらは結びついてひとつになり、高貴なる子を産むとされている。

ところでわが国では、エメラルド・タブレットという名を持つある本が流通している。これは一九〇三年にアメリカで創設されたニュー・エイジ系のブラザーフッド・オブ・ザ・ホワイト・テンプル（白色神殿同胞団）の創設者モーリス・ドリールによる、エメラルド板の英文註解書の形をとる本の邦訳書である（林鐵造訳）。エメラルド板の著者トートを、海中に没したとされるアトランティスの祭司王で、同国滅亡後はエジプトに渡って一万年以上支配してギゼーの大ピラミッドを建設した人物とするなど、面白いストーリーではあるが、本来のエメラルド板の内容とは全く異なる点に注意されたい。

2 ギリシャ哲学とギリシャ錬金術

西洋錬金術はエジプト冶金術の系譜のうえに、まずはギリシャにおいてその形を徐々に成していくが、その後の錬金術思想の理解のためにも、ここで古代ギリシャの思想について二、三確認しておくべき事項がある。

まずは本書でもすでに登場した「イデア」である。これは、この世界にはただイデアが実在するのみ、とするプラトン哲学の考えである。真に善で美なるもの（真善美）は形而上の世界にしか存在せず、わたしたちが見たり触ったりできるものはすべてイデアの「似像（エイコーン）・影」であり「ミメーシス（模倣）」にすぎない。自然界にあるものはすべて創造神デミウルゴスによるイデアのミメーシスであり、それらのイデアの真善美を超えることはない。この考えでいくと、たとえばわたしたちの目の前にある花瓶は、花瓶のイデアのミメーシスであり、仮にそれを絵に描けば、それはミメーシスのさらにミメーシスになってしまう。

重要なことは、物質には対となるイデアがあり、それを超えることがないとする見方である。物質を悪とし、精神を善とするグノーシス主義が、古代ギリシャ哲学のイデア論と親和性が高かったのも当然のことと言える。

もうひとつが前項で少し触れた「四大元素」説である。紀元前五世紀のシチリア島のエンペドクレスが唱えたとされるこの説は、「土・火・水・空気」の四つの要素が組み合わさったり、その配分が変わることで、自然界の事象を説明できるとするものだ。ただし彼以前から万物の始源（アル

図2-06 《四元素》、ダニエル・ストルツ・フォン・ストルツェンベルク著『化学の温室』より（フランクフルト、1624年）

ケー）として、たとえば水をタレスが、火をヘラクレイトスが挙げるなどしており、よってエンペドクレスの四大元素説はそれらを統合して考え出されたものと言える。

一七世紀の錬金術師ダニエル・S・フォン・ストルツェンベルクによる『化学の温室（Viridarium Chymicum）』に掲載された図（図2－06）は四大元素の寓意図であり、左から土・水・空気・火の順で並んでいる。足もとの球に描かれているのは各元素の錬金術的な記号表現である。なおフォン・ストルツェンベルクは後述する医師ミカエル・マイヤーの弟子のひとりである。

そして、後世の錬金術で支配的に援用されるようになるのは、エンペドクレスの四大元素説ではなく、それを発展させたアリストテレスのそれである。彼は師プラトンら先行者の学説を受けながらも、四大元素に加えて、そこに「熱と冷」「乾と湿」のふたつの対立軸で示される四つの性質を持ち込んだ。これら四性質と四元素の関わりによって万象が説明されるのだが、この図式が成立するためには、やはりアリストテレスによる「質料と形相」という概念をおさえておく必要がある。

この概念は、アリストテレスによる著作が後世にまとめられた、『形而上学（Metaphysica）』と呼ばれる書に登場する。本書でその思想を事細かに論じていく紙幅はないため、やや乱暴に定義せざるを得ないが、たとえば花を生けるための目の前にある瓶が「形相（エイドス）」で、花瓶の形となった粘土やガラスなどの材料を「質料（ヒュレー）」とする。誤解しやすいのは、製品のように物質的な外観を持つものがすなわち形相、というわけではない点である。形相はここでは「花を生けるため」という目的のために、「花を生けるためのもの」でありうるための概念的な一種の設計図ということができる。そしてその形相があるためには素材たる質料が欠かせないので、両者は単独では存在し得ない関係にあり、両者揃って初めてあらゆるものが現実的に存在しうるのだ。

この時、質料はこれから花を生けるものという形相になりうる「可能態（ディナミス）」であり、実際にその可能態が花瓶となって表れた状態を「現実態（エネルゲイア）」と考える。粘土やガラスは、花瓶という現実態をとるものになりうる可能態であり、つまりはこれから花を生ける形相となりうる可能性を、すでに潜在的に有している質料だとみなすことができる。

言い換えれば、プラトンは現実世界にはないイデアを本質とし、わたしたちが見たり触れたりすることのできる世界（現象界）には本質がなく、その幻影を見ているにすぎないと考えたのに対し、アリストテレスは形相を質料のなかに潜在的に存在するものと考えたのだ。

アリストテレスと錬金術

質料と形相の考えを前提とすれば、これを錬金術の理論の根拠とすることができるとわかるはずだ。すなわち、ある形相を現実態として持っている質料が、もし別の形相の可能態でもあるとすれば、その質料を現在の現実態から別の現実態へ導いてやることも可能ではないだろうか。たとえば、現在ある卑金属としての現実態となっている形相を構成する質料を、異なる可能態である金へと組み直すことができるのではないだろうか。そう考えれば、あとはその質料が金の形相を潜在的に可能態として持つことを証明できさえすれば、この仮定は現実のものとして成立しうるからだ。

次に、この質料を構成するものを、先に見た四大元素であるとする。アリストテレスはそこへ「熱と冷」「乾と湿」の対立するふたつの性質を持ち込んで、四大元素の関係性を説明しようとした。すなわち、なんら形相（と性質）を持たない純粋な質料の存在を仮定し、これを「第一質料（プリマ・マテリア）」と呼ぶ。これこそが宇宙を構成する基本要素であり、そこからさまざまなものが形づくられるため、第一質料はなにものにもなりうる「純粋可能態」であると言える。

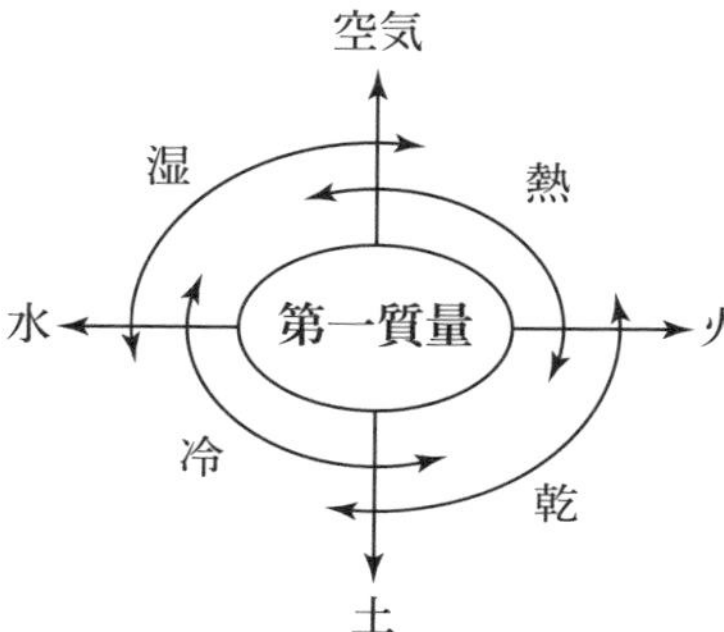

図2-07　第一質料と四大元素

この第一質料から、「熱・乾」の性質が与えられたものが「火」となって、以下同様に、「熱・湿」によって「空気」が、「冷・乾」によって「土」、「冷・湿」によって「水」という四大元素となって現れるとした（図2-07）。当然ながら、第一質料はこれら四大元素すべてを可能態としているため、ある元素の形となっているものをいったん第一質料に戻せば、そこから別の元素に変えることもまた可能となる。そのためには、四大元素を成立させている二軸の四性質の組み合わせを変えてやればよい。組み合わせを変えるだけで、ある元素は別の元素に変えられる――。これもまた錬金術における変成理論の根拠のひとつとなる。

ただ、対象が人間となると話は少しやっかいだ。単純に考えれば、肉や血が質料で、人間として生きることが形相である。しかしアリストテレスが言うように、命をもって生きる質料は、形相によって規定され、同時にその制約を受けるため、人間でその働きを持つ形相はすなわち魂ということになる。粘土（質料）からできた花を生けるもの（形相）のように単純ではないのは、魂が花瓶のような物理的実体を持たないせいでもある。

加えて、そもそも人間はなんらかの目的を持っている存在なのか、という問題もある。「神は何のために人を創ったか」という神学的な論争にまで広がってしまうポイントなのだが、それに対してアリストテレスは人間の究極の目的を「最高善」なる概念で説明した。これはプラトンが言うところの「善のイデア」に近いが、人間は（半ば本能的に）善（アガトン）を求めるもので、その最上位に位置するものを最高善と呼んでいる。

グノーシス主義では「肉体から魂を解放すること」が人間の究極の目的だが、錬金術ではそこから「不老不死となること」、すなわち「完全体になること」で「神に近い存在となること」が目的として設定された。加えてアリストテレスは、「ヌース（叡智）」に従った魂の活動をこそ神的で幸福な生き方であると説いている。先にコルプス・ヘルメティクムの節において、人間は霊的なロゴスを本来的に有している存在であるとのくだりに触れたが、霊的なロゴスを潜在的に人間が持つ神性であると言い換えれば、人間とは、「（神的知性にほかならない）ヌースに導かれて、霊的なロゴスを肉体から解放することを究極の目的として持つ存在」と規定することができるだろう。

第五元素とプネウマ

ここでいったん『エメラルド板』の一節を振り返ってみよう。そこには、「万物がただひとつのものから生じたように」とあった。これは万物が第一質料から構成されていることを指すものとしてよい。またそれは同時に、先述した至高神である「一者」から万物が生じたことをも示している。そして「大地が火に変わるなら」という一節は、四大元素の土と火が、性質の転換によっておたがいに変わりうることを指している。しかし最後の「それは地上から天へと昇って、上のものと下のものとを支配する」は何を指すのか。これを理解するためには、またもアリストテレスによる概念をひとつ見なければならない。

アリストテレスは四大元素を先の通り定義したが、それらはあくまで地上界（月下界）の物質を構成するためのものだ。性質を与えられない状態にある第一質料を除けば、地上のあらゆる物質はいずれ変化もすれば、劣化もする。しかし星々が支配する天上界は不変なので、異なる元素によって構成されているはずだ。こうして考え出されたのが「第五元素（Quinta essentia）」である。経年変化を起こさない不変の存在であり、いかなる性質も与えられていない状態の第一質料に等しい。よって、先の「地上から天へと昇る」との記述は、おそらくこの第五元素（あるいは第一質料）への還元と、それによって地上界ではなく天上界にいるべき存在——つまり神的存在——となることを意味していると見て間違いないだろう。

すべてのものが、可能態から現実態になるために、言い換えれば目的を達成するため・近づくために活動していると考えたわけだが、そうすると完成を達成した状態はどうなるかという疑問が湧く。それは目的を達したので動き回る必要がなく、そこからアリストテレスはこれを「不動の動者」と呼んだ。これを「神」と呼んでも差し支えない。そしてこれは、すべての可能態の現実態を達成した状態とも言えるため、究極の形相である「純粋形相」と呼ばれている。一般にアリストテレスは師プラトンのイデア論に否定的だとされているが、結局はプラトンの「善のイデア」にあたる純粋形相を、究極の目的である最高善として採用したとも言えるだろう。

古代ギリシャで規定された概念で、ここでもうひとつ見ておかなければならないのが「プネウマ」である。もともとは風や気息を意味することばだが、息をしなければ生きられないため、ギリシャ哲学ではそこから「霊的な力」を広く意味するようになった。ちょうど、ギリシャ神話のプシュケー（息）が、おそらく死者が最後につく息とともに魂が抜けるように思われたのだろう、「魂」を意味するようになったのと似ている。同様にプネウマも精神や生命、キリスト教神学に採り入れられてからは聖霊や天使まで、およそ英語の「スピリット」で示される範囲すべてを指すようになる。

風や気息の意味から成って、霊的な力を指すようになれば、おのずとその存在はなにやら空中を漂っているエーテル的なエネルギー体として理解されるようになる。「この世界全体を覆い、コントロールしている万物の根源という存在原理」と言い換えてもよい。古代ギリシャ医学の祖であるヒポクラテスは、空中に漂うプネウマを体内に採り込むことで人間は活動的になることができると考えた。この意味で用いる時には、プネウマに通常「精気」や「霊気」などの訳語をあてるが、ほかに「生命霊気」や「世界霊魂」といった訳語をあてた文献もある。

『エメラルド板』の後半部にある「大いなる力をもって、かすかなものから大地を養う」という文は、このプネウマの力をもって、卑金属などを少しずつ四大元素の本来の姿に戻していくプロセスを示していると読むことができる。そして続く「地上から天へと昇って、上のものと下のものとを支配する」との言説が意味するところは、このプロセスによって、錬金術師は第五元素を手に入れ（＝地上界のものが天上界に近づき）、あらゆる事象を（自分自身をも）自在に変成し、統御できることなのだ。

3　ヘレニズム時代以降の錬金術

アレクサンドロス三世大王による東征により、エジプトからメソポタミア、ペルシャに至る広大な地域が、いったんギリシャ文明圏にすべて取り込まれてヘレニズム時代を迎える。エジプトの冶金術やバビロニアの占星術、ギリシャ哲学、そしておそらくは遠く中国から錬丹術の知識もペルシャや中央アジア経由である程度もたらされ、オリエント世界はまさに古代の知のるつぼとなったはずだ。そして大王によって紀元前三三二年に建設されたアレクサンドリアは、ヘレニズム世界の中心として、それら異なる文明圏から文物がもたらされて入り混じる、まさに「世界の結び目」の呼び名にふさわしい地となった。

学術の研究所であるムーセイオン（博物館を意味するミュージアムの語源）では各文明圏からやってきた学者や芸術家が集い、アレクサンドリア大図書館では五〇万から七〇万とも伝えられる驚異的な数の文献が、パピルス文書の形で集められた。この古代の知の殿堂は、プトレマイオス朝の衰退とともに縮小し、ローマとの戦いのさなか、ユリウス・カエサルの軍が放った火によって灰燼に帰した。

しかし前述したような、錬金術の土壌となった古代の知はこのアレクサンドリアで集積され、その後の西洋錬金術の礎を築いた。その間、多くの初期錬金術書が書かれたはずだが、具体的な書名と執筆者名はさしたる数が残っていない。そのなかでは、メンデスのボロスなる人物が著した『フィジカ（フィジカ・エ・ミスティカ、Physika kai Mystika、肉なるものと秘めたるもの）』が知られている。同書は原子の概念を提唱した紀元前五世紀の哲学者デモクリトスを著者名として冠しているため、ボロスは偽（プセウド・）デモクリトスとも呼ばれる。執筆時期の特定も困難で、紀元前二五〇年頃から紀元後二世紀まで諸説ある。

『フィジカ』は失われた部分も多いが、四部から成り、それぞれで金、銀、宝石、紫染料の作り方が扱われている。そこには、すでに述べたような合金の作り方による変色で金や銀のように見せる方法が扱われており、狭義にはエジプトの冶金術の延長上にある。しかし同書は、エジプトやバビロニアはもちろんのこと、シリアなどの地中海東沿岸部やペルシャからもたらされた各分野の知識がさまざまに詰め込まれている点で、いかにもヘレニズム文化の産物だと言える。

他にユダヤ婦人マリアと錬金術師クレオパトラの名も知られている。いずれもヘレニズム時代を代表する女性知識人であり、モデルとなる人物は実在しただろうが、御多分にもれず他の何人かの言行が集められ、そこへさらに神秘的な尾ひれが付けられたパターンである。ユダヤ婦人マリアは、モーセとアロンの姉として旧約聖書に登場する女預言者ミリアムと同一視された時期もある（ミリアムのアラム語読みがマリア）。この女性の名はとりわけ錬金術に用いる器具の発明家として有名で、今日でもフランスで蒸し器（湯煎器）を指す「バン・マリー（マリアのお風呂）」なることばが残っている（図2－08）。他に、頂部に三口の放出口（あるいは三本の放出管）を持つ三口蒸留器「トリビコス」

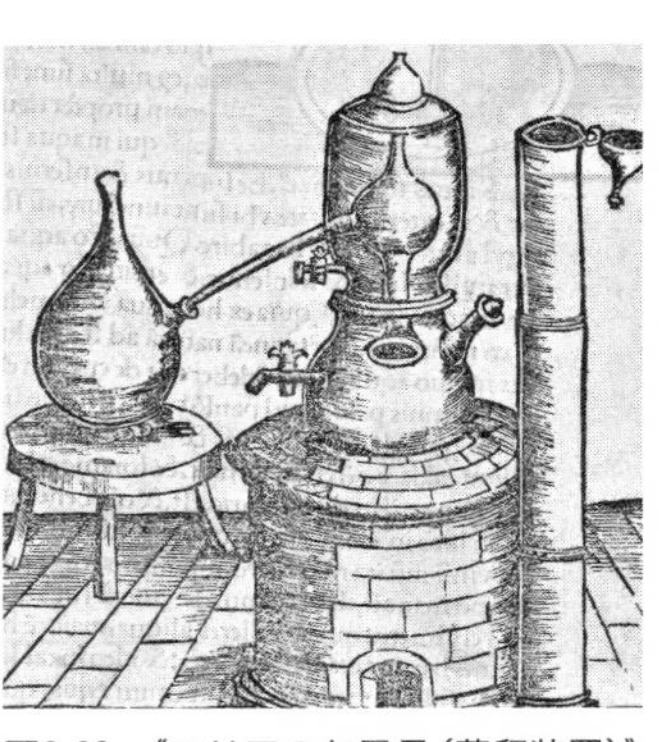

図2-08 《マリアのお風呂（蒸留装置）》（フィリップ・ウォルスタット著『賢者の天空』挿図。1525年、フィラデルフィア、科学史研究所）

や、円筒状の密閉可能な還流装置「ケロタキス」などの器具の発明者としての名誉が、彼女に与えられている。

もうひとり、伝説的段階を代表する女性錬金術師の名が伝えられている。その名をクレオパトラというが、もちろんプトレマイオス朝最後の女ファラオのことではない。ただ、かつては両者が同一視されていた時代もある。『クレオパトラと哲学者たちの会話』など、彼女を著者とする書には男性的要素と女性的要素を結合させよといった、錬金術のいわば王道をいく記述があるが、おそらくは作者不詳の書物に権威を持たせるために有名な女ファラオの名を想定著者として付けたのではなかろうか。

ゾシムスの記録と実践

錬金術は神話的段階から、前述した伝説上の人物たちの時代を経て、実際に生きたであろう錬金術師たちの時代へと徐々に移行していく。その境目にいる人物のうち最も高名なのが、ゾシムスなる錬金術師である。エジプトのパノポリス（現アフミーム）で西暦三〇〇年頃に活動したとされるゾシムスは、二八巻にものぼる錬金術に関する百科全書を著したとされる。その大部分が失われたが、いくつかの断片が今日まで伝わっており、ベルトゥロらによって詳しく紹介された。そのうち錬金術の技法史において最も重要なものは『器具と炉についての書』（『ω（オメガ）の書〈Di littera Omega〉』）であり、彼以前から伝わる金属変成の技法と用具を扱っている。先の「ユダヤ婦人マリア」に帰せられている器具類が知られているのも、ゾシムスによる言及のおかげである。

ゾシムスは単なる記録者ではなく金属変成の実践家でもあったことは確かなようで、鉛白の製法や水銀が辰砂から抽出されることなどについて正しく記述している。また、銅に亜鉛蒸気をあてて表面を金色に変化させる方法についても記しており、これが当時の錬金術師たちが用いる錬金工程の主要な部分を占めていたのだろう。

もちろんこれは銅と亜鉛の合金である黄銅(おうどう)(真鍮)の製法のひとつ(乾式法の一種)で、亜鉛を多く含む土を用いてのこの変化は先史時代から経験的に知られていた。しかし金属亜鉛自体が発見されるのはルネサンス後期のことであり、それまで亜鉛蒸気は金属と認識されていなかった。そのため、銅の表面が真鍮色に変わる現象は、金属と金属による合金の生成という正しい認識ではなく、それこそ熱した土から出た特殊な空気によって湿らされた銅の表面が、金色に変化したように見えたはずだ。そしてここに、先述した土や空気という四大元素や、熱や湿といった性質が入っていることにお気づきだと思う。彼ら錬金術師たちが、アリストテレス型四大元素の知識体系によって金属変成の現象を説明しようとしたのも不思議ではない。

ゾシムスは同様に、彼が「第二の水銀」と呼ぶヒ素を用いて、銅の表面を銀色に変える方法についても述べている。これは正しくはヒ化銅の色なのだが、この現象もやはり、部分的にではあれど銅の表面の色を銀に変えたと認識されたことだろう。彼はさらに硫黄の蒸気がさまざまな金属の色を変えることについても詳しく述べており、こうした変色が彼らにとって重要な技であることは確実で、だからこそゾシムスも金属変成にあたる語に「染色」の語をあてている。

プリンチーペはこの点に関して面白い仮説を提起している。ゾシムスが活動したとされる三世紀末の為政者はローマ皇帝ディオクレティアヌスなのだが、彼は二九七年から翌年にかけて、エジプトで起きた反乱の鎮圧にあたって錬金術書のたぐいを集めて破棄させようともした。プリンチーペはこの措置を、贋金造りによる通貨危機への対策だったとの可能性を挙げている。なるほど、ゾシムスが挙げている金属変成の術には贋金造りに応用できそうな技が多いこと、そしてゾシムスのような錬金術師がかなりの数活動していたであろうこと、さらにディオクレティアヌス帝時代にローマが実際に通貨危機に見舞われていたことなどの事実を考えれば、この仮説は充分に説得力を持つものと言えるだろう。二三九年から三〇一年にかけて、ローマにおける物価は年あたり二割も上昇し続けた。これは前述した銀の枯渇を主因とするものだったため、ディオクレティアヌス帝は金銀複本位制を復活させ、さらに三〇一年には、千を超える数の商品のひとつひとつに最高価格を定めた。しかしその甲斐もなく、インフレーションはその後も続いた。

錬金術書の寓話的伝達法

ゾシムスによる錬金術書は、一方で寓話的な手法を用いた、難解かつ、ある種の非論理性による秘密性を有した記述法をも用いている。本書の冒頭で扱った『化学の結婚』に見られるように、こうした寓話的手法はその後の錬金術書における主流となった。なかでも有名なのが、ゾシムスが見たとされる夢に関する記述である。これは「神聖な業について（徳について　第一の課業）」と題された文章の、フランク・S・テイラーによる英訳で広く紹介されたが、ここではより平易な表現が用いられているジルクリストと桃井訳から（やや長いが）引用してみよう。

わたしは生贄を供する神官を見た。(中略)わたしは、あなたは誰かと尋ねた。すると、彼は激しい声でこう答えた。「わたしはアイオーン、聖域の司祭である。わたしは耐えがたい責め苦を味わった。今朝、誰かが突然やって来て、力ずくでわたしを連れさった。剣でわたしを真っ二つに切り裂き、手足を切断した。結合の法則に従って、携えた剣でわたしの頭の皮を剝ぎとり、わたしの骨と肉とを混ぜあわせ、工程の火で焼いたのだ。こうしてわたしは、肉体の変成をとおして精霊になることを学んだ。あまりに酷い暴力だった」。(中略)彼の目は血のように赤くなり、すべての肉を吐きだした。そして、小さな人間の姿になった。彼は自分の歯で自分を引きちぎり、くずおれた。わたしは恐ろしさでいっぱいになり、目を覚ました。(桃井緑美子訳)

アイオーンとはもともと時間や時代を意味する語で、ギリシャ神話では永遠を司る神として、そしてそこから転じてグノーシス主義では高次の霊を指す語となっていた。ゾシムスには明らかにグノーシス主義思想からの強い影響が見られ、引用した夢のなかでも、肉を取り去って精霊になるといった表現にその一端を見ることができる。

まるでホラー映画を見ているかのようなこの夢の記述は、つまりは実験素材を砕いて不純物を取り除き、他の素材と混合し加熱するなどして質料と形相のバランスを正常化し、錬金術の目的に達したことを意味している。ただそこでは、卑金属から金への変成を得たという化学的な事象が、肉体からの精神の解放というグノーシス主義的な到達の形で表現されているのだ。

以降、多くの錬金術書が、ゾシムスの「夢のなかで与えられた啓示」のスタイルを踏襲していく。

啓示を与える存在はヘルメス・トリスメギストスであったり、ここで見たような高次の霊であったりするのだが、いずれも真摯に自己鍛錬する求道者を救済するための導き手として登場する。

よく知られているように、カール・G・ユングは錬金術を心理学と結びつけて、人間の普遍的な精神活動の一側面を説明しようとした。錬金術書のなかの夢の啓示というスタイルや、そこに見られる象徴的図像が、彼が研究対象としていた夢のなかに現れる心象風景と類似性を持つと考えたのだ。奇しくも、ユング自身が見たと自伝で述べている夢は、ゾシムスの夢と類似点を持つ。そこでは、神官の代わりにキリスト像が現れて、金色に輝いていた。そしてユングはそれを「アニマ・ムンディ」と解した。「世界の霊魂」、つまりそれはプネウマにほかならないのだ。

第3章　イスラム世界からルネサンスへ

1　ヨーロッパでの断絶とイスラム世界

ゾシムスが活動したとされる四世紀初頭から一〇〇年も経たないうちに、西洋錬金術を取り巻く状況は大きく変化する。それまでにもゲルマン諸民族はローマ帝国の国境線を度々うかがっていたが、三七六年、西ゴート族がドナウ川国境線を突破。これをきっかけにゲルマン諸民族の移動が本格的に活発化する。帝国は生粋のラテン人だけで統治するにはもはや版図が広大にすぎ、前世紀の初めのカラカラ帝時代に全属州民にローマ市民権を与えるなど、その弱体化は明らかだった。

こうした軍事的・外交的な危機と、前述したインフレによる経済的な危機に加え、宗教的・精神的、ひいては政治的に決定的な打撃を加えたのがキリスト教の伸長である。一世紀に帝国内ユダヤ自治領で産声をあげたキリスト教は、それまでのユダヤ教と異なり、ユダヤ民族以外にも布教をするなどしながら信徒の数を増やしていった。ローマ多神教で末席に座する現人神的な存在たる皇帝にとって、唯一神の前に全人類を平等とするキリスト教の一神教信仰は都合が悪かった。しかし、いくたびもの迫害にもかかわらず、拡大する一方のキリスト教勢力を帝国はもはや抑えきれず、三一三年にコンスタンティヌス帝が公認し、三九二年にはテオドシウス帝によってついに国教となった。

東西に分裂したローマ帝国のうち、弱体化が顕著だった西ローマ帝国は四七六年についに滅亡し、ヨーロッパはゲルマン系諸民族国家の分割統治時代に入る。彼らもゲルマン神話など固有の多神教信仰を持っていたはずだが、ほどなくすべての国家がキリスト教化する。キリスト教信仰を中心としたこの封建的な統治体制はその後約千年間続き、この時代は後に中世と呼ばれるようになる。

それまで整備されていた上下水道などのインフラが、帝国の瓦解とともに一切用いられなくなって衛生的には退化するのと同じように、学芸もキリスト教神学とそれに準じる領域に限定され、それまでの豊かな文化活動や学問は表面的にはその陰に隠れてしまう。もちろん、修道院のなかでは研究活動がおこなわれたが、少なくとも一般社会における表舞台からは姿を消した。それに伴い錬金術もいったんはヨーロッパでは衰退してしまい、再び盛んになるまでにはプロト・ルネサンス期まで待たなければならないが、その間も別の文明圏で姿形を変えて存続し、発展し続ける。それはイスラム世界においてのことだった。

イスラム世界での継承

ムハンマドが七世紀初めに伝道を開始してから、半世紀も経たないうちにイスラム勢力は東ローマ帝国（ビザンティン）からシリアとエジプトを奪い、さらにはササーン朝ペルシャを破ってその広大な領土を手に入れた。と言っても最初から順風満帆だったわけではなく、ムハンマドに従う者は初め親族や近隣の者しかおらず、メッカから追われるようにメディーナ（ヤスリブ）へ遷都させられている（これをヒジュラ〈聖遷〉と呼ぶ）。当時のメディーナには移住者をまかなうだけの産業も資源もなく、そのため敵地を奪って兵への報酬とせざるを得ず、彼らはその後も半ば宿命的にジハード（聖戦）によって領土を拡大していった。

長らく冶金術と錬金術についての知識と技術の中心地だったアレクサンドリアは、六四一年一一月の東ローマ帝国守備隊の降伏をもって、イスラム勢力下に入った。アラビア半島からエジプトまでの遠征距離は当時のイスラム勢力にとっても未経験の長さであり、二代目カリフのウマルも軍の派遣に躊躇したが、シナイ半島やエジプトを統治していた東ローマ帝国の長年にわたる圧政への反感もあって、ことはスムーズに運んだ。

西洋史を概観していると、近代以前にはキリスト文明圏よりもイスラム文明圏の方が、総じて異文化に対する寛容度が高い。そのおかげでアレクサンドリアはその後もそのまま地中海世界における学芸の中心地であり続け、ウマイヤ朝の首都が東ローマ帝国から奪取した都市ダマスカスに移されてからは、その地にいた学者たちがそっくりそのままイスラム圏の学問世界に取り込まれた。ただし公用語はアラビア語になったため、学者たちはまずアラビア語を学び、それからギリシャ語文献をアラビア語に翻訳する作業が続けられた。

同様のことは西の端のイベリア半島でも繰り返され、七一一年にジブラルタル海峡を渡って侵入したイスラム勢力によって、わずか七年後に西ゴート王国が滅亡する。抵抗を続けるキリスト教勢力の一部は北西部に逃れてアストゥリアス王国（後のレオン王国）を建国して命脈を保つが、そのままキリスト教信仰を続けることを認められた半島住民のほとんどはさほどの抵抗もなくイスラム勢力下におさまった。その後、中世を通じて、コルドバやトレド、グラナダといった都市はイスラム王朝の庇護のもと、中世を代表する学芸中核都市であり続けた。

こうして、ギリシャ・ローマ文明の遺産はイスラム文明圏に取り込まれた。むしろ、キリスト教化して以降のヨーロッパにおいて、多神教崇拝だった旧来のギリシャ・ローマ文化に対する批判と破壊が続く間に、それらは少なくとも表面上は姿を消す。プラトンやアリストテレス、エウクレイデスやプトレマイオスといった古代の賢人たちが築いた知識の集積は、中世の長い間、西洋では修道院などの一部で細々と研究されるのみにとどまった。ルネサンス時代に入り、イスラム勢力の圧迫によって滅亡しつつあったビザンティン帝国から逃亡してきた学者や聖職者たちを通じて、西ヨーロッパはようやく、かつての自分たちの文化を再び手に入れる。その時すでに、たとえばプトレマイオスの主著『アルマゲスト（Almagest）』がアラビア語の定冠詞「アル」をタイトルに付けているように、かつての地中海世界の文化はアラビア語に翻訳された形でアラビア文明圏で生き続け、発展していた。

知識の天国

錬金術も他の学問と同じ運命をたどった。まずギリシャ語とラテン語による文献がアラビア語に翻訳され、もともとの原語文献の多くが、ヨーロッパと中東地域のいずれにおいても、その後数世紀の間に姿を消した。イスラム圏では学芸が奨励され、ウマイヤ朝でも、これを滅ぼして建てられたアッバース朝でも錬金術は独自の発展を遂げた。ラテン語では錬金術のことを「アルケミア（アルキミア）」と呼び、英語では「アルケミー」となるが、この「アル」は先述したプトレマイオスの例と同様、アラビア語の定冠詞である。この点だけを見ても、西洋で今日まで続いた錬金術の直接の先祖がどこから来たかは一目瞭然だ。

一方、「ケミア（キミア）」の語源には諸説あり、「溶かす技術」を指す古ギリシャ語「キュメイア」や、コプト語で黒を指す「ケメ」から、ナイル川流域を黒い土の地と呼んだことに由来する説などがある。特に後者は『英雄伝（Vitae Parallelae）』の著者として名高い一世紀の著述家プルタルコスが言及し、キミアは「エジプトの技術」を指すと記したことで広く知られている。冶金術がエジプト発祥であることから考えても、ありそうな話ではある。ちなみに、今日英語で化学を意味する「ケミストリー」はラテン語の「ケメイア」に由来し、そのケメイアは錬金術にあたるラテン語「アルケミア」から来ている。ここからは、近代化学が何を先祖としていたかが明確に示されている。

イスラム錬金術の歴史に登場する最も古い人名は、六六八年頃に生まれたハーリド・イブン・ヤズィードである。彼はウマイヤ朝第二代カリフのヤズィード一世の次男で、兄ムアウィーヤ二世が亡くなってからは、いずれ父の後を継ぐ者とみなされていた。しかし王朝につきものの跡目争いでハーリドの支持者たちは破れ、その後も続いた泥沼の派閥争いに嫌気がさしたのか、ハーリドは錬金術研究に没頭してその道で名を残した。錬金術に関する長詩『知識の天国（Dīwān al-nujūm wa-firdaws al-ḥikma）』をはじめ、いくつかの錬金術書の著者がハーリドに帰せられているが、ルスカらの研究によってその多くが後世の偽書であることが判明している。なかにはラテン語版だけがあってアラビア語版がないものもあり、それらの著者名はKhalid（ハーリド）ではなくCalid filius Jazidi（カリド・フィリウス・ヤズィディ）と表記される。これらはヨーロッパでラテン語翻訳された後でアラビア語原本が失われたと考えるよりも、例によって後世の書の執筆者が、自らの書に権威を持たせるために勝手に彼の名を冠したケースと思われる。

マンフレッド・ウルマンやピエール・ローリらの研究によってハーリド文書の帰属関係などは整理されたが、実際の錬金術書としての著述内容については、まだほとんど解読と研究が進んでいない状況にある。一方、ハーリドはアレクサンドリアのキリスト教修道士マリアヌスに、もしくはその師にあたるアレクサンドリアの錬金術師ステファノスに師事したと伝えられている。この師弟関係も半ば伝説の域の話だが、ともあれイスラム錬金術の出発点となったのがアレクサンドリア学派だったことは先述した通り事実である。

ハーリドとマリアヌス（モリアヌス）との師弟関係は、ラテン語文献『錬金術の組成（Liber de compositione alchemiae）』に登場する。同書は一二世紀半ば、イングランドの錬金術師チェスターのロバートによって翻訳されたもので、典拠となるアラビア語原本の存在がわかっており、最初にラテン語翻訳されたアラビア錬金術文献として重要である。この師弟関係の伝説が、その後も西洋で生き続けたゆえんである。

ジャービル文書とその理論

イスラム錬金術の歴史で最大の巨人が、ジャービル・イブン・ハイヤーンである。彼については『エメラルド板』の項で述べた通り、おそらく八世紀の実在の人物と思われるものの謎が多い。伝記的な逸話も多いが後世の創作もかなり含まれているだろう。そして「ジャービル文書」と総称される膨大な数の書物群（そのほとんどは紙一枚や小冊子程度に収まる分量だが）が彼の名に帰せられているが、やはり大部分が後世の偽書であることが研究によって明らかにされている。そして、それら偽書の多くがイスラム教シーア派の一派であるイスマイール派の人々によって一〇世紀頃に書かれた可能性が指摘されている。同派は、指導者イマームだけが知ることのできる究極の知について思惟すること自体を信仰としていた。この思想は、真なる知の獲得によって物質世界からの精神の解放を目指すグノーシス主義と相通じており、ここにこそ、イスラム諸派のなかでなぜイスマイール派がジャービル文書に深く関わったかの理由がある。

さて錬金術師ジャービルとしての伝記的逸話は、彼がアッバース朝第五代カリフのハールーン・アッラシードの宮廷で活動したとしている。アッバース朝最盛期を演出したこのカリフは、『千夜一夜物語』でシェヘラザードが語る物語にしばしば登場することでも知られている。またある時は、権力者の妻のひとりが重病にかかった時、ジャービルは「エリクシール（英語読みでエリキサー、錬金薬）」を処方して見事に癒したとも伝えられている。このように、アラビアの錬金術師たちはしばしば宮廷医師であり、死や病が今よりもっと身近にあって恐れられていた当時、すでに財を成している有力者たちが彼らに第一に求めたのは金よりも医薬の力だったのだろう。もっとも、錬金術の歴史上、ジャービルの名がこれほど高まったのは、その著作の多さに加えて、彼が亡くなってから二世紀ほど後に、彼の家から金でできた鉢が発見されたとの伝説のおかげでもある。つまり彼は実際に金の精製に成功した数少ない達人とみなされていたのだ。

また、多くの錬金術用具の発明がジャービルに帰せられている。「アランビック」と呼ばれる器具は、管でふたつの容器をつないだ蒸留器で錬金術作業に欠かせないが、これもジャービルが考案

図3-01　ジャービルの「アランビック」（ジャービル文書を引用した18世紀のアラビアの化学書にある挿図。『1001の発明：イスラム文明の不朽の遺産』第３版より、2012年）

したとされている（図３－01）。この器具の名もまた、アラビア語で蒸留器を意味する「アル・アンビック」からきており、ここにも定冠詞アルが入っている。

ジャービルの理論は、ギリシャ的な「第一質料＋熱冷乾湿＝四大元素」という公式を基本とし、そこに硫黄と水銀が結合して諸金属となる、すなわち「硫黄＋水銀＝諸金属」という公式を加えた。硫黄は金属を「熱・乾」に、水銀は「冷・湿」へと導く。やや複雑なのはそれぞれの金属に「外的・内的」というふたつの本性があり、たとえば金は冷・湿で内的な本性を持ち、同時に熱・乾で外的な本性を有するものとしている。そこから、硫黄と水銀がそれぞれの本性における熱冷乾湿が完全なバランスを保った状態で、かつ両者が完全なバランスで結合した場合にのみ、それは金の状態にある、と考えた。そのいずれかの、あるいは複数のバランスが欠けた状態で結合すると、金以外の諸金属となって現れると説明している。

重要なことは、銀や銅だろうが、鉄や鉛だろうが、金以外はどこかしらのバランスが欠けた状態にあるだけで、いかなる金属であってもそれらを構成しているものは同じなのだ。それならば、ある金属をまずは原初の状態に戻し、それからあらためて正しい完全なバランスのもとで結合しなおせば、それは金になるはずである――。これがジャービル文書の多くを通じて語られる根本原理であり、ひいてはそれが輸入されて発展したその後の西洋錬金術における基本的な考え方となった。

2　イスラム錬金術の発展と伝播

ジャービル文書で説かれている工程において、正しいバランスによる結合へと最終的に導くものが「エリクシール（エリキサー）」である。錬金薬と訳されるこの語も、やはり薬を意味するギリシャ語から作られた「アル・イクシール」というアラビア語に由来する。ジャービルのみならず、イスラム錬金術の探求者たちはほぼ全員がこのエリクシールを追究している。前節で記したジャービルの伝説のなかで、重病人を治す際に用いられたのがエリクシールである点に注目されたい。つまりそれは、金属の本性と結合のバランスを正常化するだけでなく、人間の肉体と精神それぞれのバランスをも正常化する効果を持つ。その理由は、極論すれば、金属も人体も、等しく第一質料から分化したさまざまな材料からでき上がっているものと考えたからこそなのだ。

そのため、イスラム世界の錬金術師たちは、ほぼ全員が医師でもあったと言ってよく、むしろそちらを本業としていたケースの方が一般的だった。該当者は非常に多いのでここでは代表的な例を紹介するにとどめるが、まずそのひとりがアル・ラーズィー（アブー・バクル・ムハンマド・イブン・ザカリヤー・ラーズィー）である。彼は九世紀後半から一〇世紀初頭にかけて、現在のテヘラン周辺やバグダッドで活動した医師である。彼は医学史における巨人でもあり、特に消毒などに用いられるエタノール（エチルアルコール）を発見し、またその精製方法を確立することで医学に多大な貢献をした。また小児科や産科、眼科の開拓者であり、瞳孔反射を発見し、麻疹と天然痘が異なる病であ

図3-02　アル・ラーズィーによる診断（クレモナのジェラルド訳・編『医学論集』挿図。1250年代）

ることを記し、また投薬をおこなうグループと偽薬を投与するグループの対照実験によって薬効を把握する方法を始めるなど、その功績は枚挙にいとまがない。それも皆、彼が実践的な医療行為をおこない、その効果を客観的に観察した結果である。

アル・ラーズィーが水銀軟膏を用い始めたのも、彼の実践的な医療行為の結果である。そして他の多くの鉱物や植物から医療に利用・転用できる要素を得る目的で、ろ過や抽出、塗布などをするためにフラスコやるつぼ、スパチュラ（医療や美容、料理で用いられるヘラの一種）など、今日でも用いられるような多くの器具を使用した。こうした知識や技術、器具の一切が彼の錬金術研究にも貢献したであろうことは想像に難くない。

彼はまた医学書を中心に一八〇以上もの著作を残し、そのなかの重要な医学文献のほとんどが後にラテン語に翻訳され、ラゼスというラテン名で西洋に紹介された。うち十数冊は錬金術文献に分類されている。アラビア語文献を多く訳したクレモナのジェラルド（後述）は、アル・ラーズィーの大著『医学論集（Kitāb al-ḥāwī fī al-ṭibb）』（図3－02）を訳出しただけでなく、彼に帰せられている化学分野の書の訳も手がけた。

余計なことだが、アル・ラーズィーはコーヒーについて最初に記述した人物でもある。また彼は哲学者でもあったが、同分野における直接の書物は現存しない。しかしその客観的な観察に基づく理性的な思索は、預言者などの存在を否定する結論を導き出したため、イスマイール派とは激しく対立している。そのため、イスラム錬金術に関する重要な文献を著したホームヤードをして、彼が「アル・ラーズィーはイスマイール派の自由な探求心を示している」と記している点には若干の疑問を抱かざるを得ない。

アル・ラーズィーのエリクシール

実践と観察を徹底する姿勢を貫けば、おのずと従来の医学知識のほころびも見えてくるというもの。アル・ラーズィーは古代のヒポクラテスが提唱し、二世紀のローマ帝政時代のギリシャ医学者ガレーノスによって規定され、その後もずっと西洋医学の基礎となっていた四体液説を初めて声高に否定する人となった。これは体内を流れる「血液・粘液（リンパ液）・黒胆汁・黄胆汁」から成る四種の体液のバランスが体質・気質・体調を決めるとの説であり、その影響力はルネサンスをまたいで近代まで続いた。

四体液説は四大元素とも結びつけられ、また四季とそれらを構成する黄道十二宮と対応するものとみなされて、その人に向いた職種や運命までをも左右すると信じられるようになる。どことなく現代日本の血液型占いに近いが、西洋錬金術を形成するいくつかの古代的な前提の一角を占め続けた。よってアル・ラーズィーによる四体液説への疑念は時代を数世紀も先取りしていたわけだが、一方で従来それと結びつけられていた四大元素に関して、彼もまた金属は四大元素から成っており、そのため他の金属への変換も可能だと考えていた。

この変換を可能にするものが前述したエリクシールであり、『秘密の書（Kitāb al-Asrār）』などのアル・ラーズィー著作のラテン語翻訳とともに、西洋錬金術が目指す目的そのものとなった。エリクシールはしばしば「賢者の石」と同一視され、あるいはプネウマとほぼ同義のものとして扱われた。そして彼は錬金術においても実践的な試行とその客観的な経過観察を発揮する。錬金術の実験に用いられる物質にはさまざまなものがあったが、彼は初めてそれらを動物・植物・鉱物に由来する三種のカテゴリーに分けている。

このうち「動物」系素材のなかには動物の角や頭骨、毛などがあって黒魔術かなにかとギョッとさせられるが、しかし血や尿、乳や卵など、つまりは有機的な成分を鉱物などと分けた点に彼の新たな知見があった。「植物」系はすでにジャービルによってオリーヴや生姜をはじめとした植物名が有効な素材として挙げられていたが、アル・ラーズィーはこの素材群にさほど関心を払っていない。一方、「鉱物」系には従来の七金属（金・銀・銅・鉄・鉛・錫と「第七の金属」）に加え、ガラスやラピスラズリ、孔雀石（マラカイト）などから成る石類、そして水銀や硫黄、雄黄、鶏冠石（けいかんせき）、明礬（みょうばん）といった、さまざまな素材が含まれていた。さて、このなかの「第七の金属」について、ジャービル文書では「中国（シナ）の鉄」を意味する「ハル・シニ」なる名で呼ばれていたが、これが実際に何を指していたかには、白銅や亜鉛、ヒ素など諸説ある。興味深いことに彼は金属や石、明礬類と並べて、石灰や塩も同様に重要な素材として挙げている。ちなみに、この後硫黄や水銀に加えて塩が西洋錬金術の主要な原料素材になっていく。

アル・ラーズィーはさらに、それらを用いておこなわれる工程を昇華やろ過、結晶化やアマルガム化などの七つの段階に分類した。また金メッキや銀メッキの方法と、それらに見せかける技術なども彼の錬金術書に記されており、やはり贋金造りに応用できる知識がかなり披露されている。ただ前述した通り、第一に医師である彼にとって、錬金術は財産としての金を得ること以上に、高い効果を持つ医薬品としてのエリクシールを手に入れることに主目的があったのだろう。

アヴィケンナによる批判

アブー・アリー・アル＝フサイン・イブン・アブドゥッラーフ・イブン・スィーナー・アル＝ブハーリー、一般にイブン・スィーナー、ラテン語圏でアヴィケンナ（英語読みでアヴィセンナ）の名は、高校で世界史を選択した方なら耳にしたことがあると思う。彼は九八〇年に現在のウズベキスタンのボハラ（ブハラ）近郊で生まれ、一〇三七年に今日のイランで亡くなった。サーマーン朝の宮廷医の地位にあった医師だが、同時に哲学・数学・天文学などでも顕著な功績を残しており、後のルネサンス型「万能人」のはしりのような人物である。まさに、西暦一〇〇〇年前後の世界を代表する「知の巨人」と言ってよい。

一〇〇以上もの著作が彼の名に帰せられているが、なかでも医学分野における主著『医学典範（al-Qānūn fī al-Ṭibb）』と、哲学分野における主著『治癒の書（Kitāb al-Shifā'）』のふたつが当時と後世の西洋世界に多大な影響力をおよぼした。前者はヒポクラテスとガレーノスを主たる源泉とするギリシャ医学の集大成であり、そこへギリシャ医学を受け継いで発展したアラビア医学の蓄積と、彼独自の見解を加えた書である。同書には心理学と精神療法にあたる最初の記録があり、脳腫瘍を初めて見出し、また結核が人から人へ移る病であることを正しく認識した記述もある。薬草についての巻では、「薬理学の父」と言われる一世紀のローマのペダニウス・ディオスコリデスによる『薬物誌』を主たる典拠とし、七〇〇種以上の薬草とその効能について述べている。

この大部の書はラテン語に訳されて、一二世紀から『カノン（Canon）』として、長くヨーロッパの医学生にとっての教科書となった（図3－03、3－04）。アルコールの消毒や防腐効果がヨーロッパに初めて広く知られるようになったのは同書のおかげだが、言い換えればそれまでヨーロッパには、正しい消毒や防腐の知識がなかったことを意味する（もちろん経験的に得られた知識はあったが）。同書は一六世紀半ばにパラケルススによって批判され、その頃から内容の誤りなどが徐々に指摘されていったが、その権威は一七世紀いっぱいまで続いた。

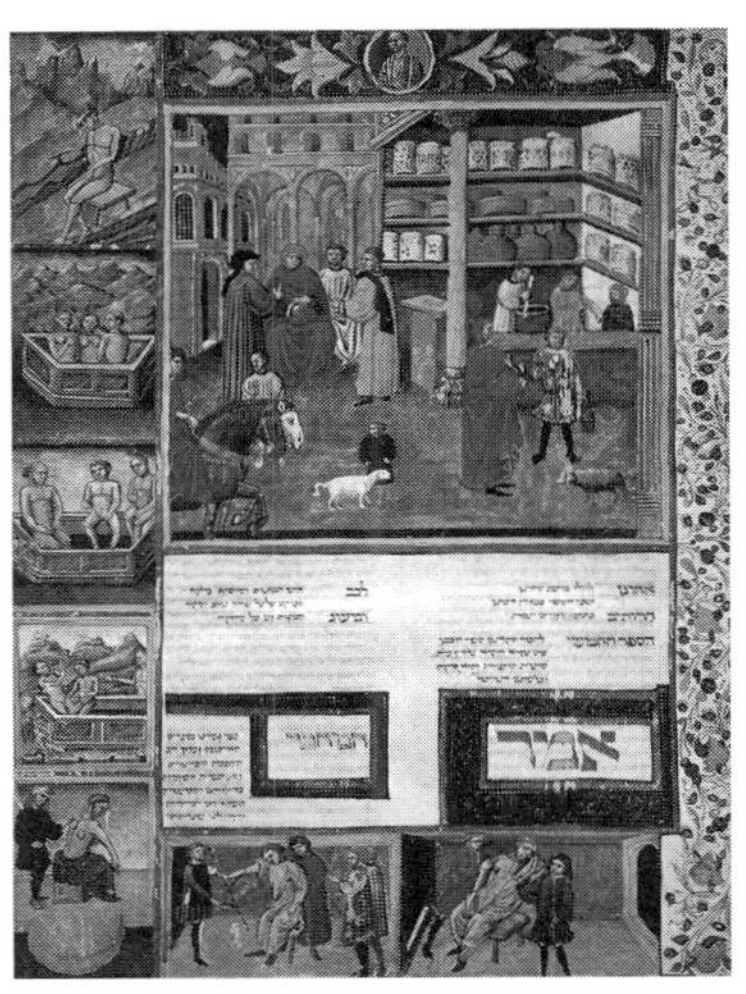
図3-03　アヴィケンナの薬局と温泉治療（1440年頃に出版されたラテン語の『カノン』写本に付された挿図）

図3-04　シュヴァルツァッハにあったベネディクトゥス修道院内の薬局（移築復元、18世紀前半、ハイデルベルク、薬事博物館）

同書にはアリストテレスに基づいた四大元素の思想が根本にある。一方の『治癒の書』でも理論の土台となっているのはアリストテレス哲学で、彼が数十回読んでようやく理解できたという形而上学を、平易なことばでわかりやすく説明しようと試みている。彼はアリストテレスとプラトンの哲学に加え、イスマイール派の思想とイスラム神学、新プラトン主義を体系的に採り入れ、総合的に論じようとした。なかでも、高次の存在である「一者」から低次の物質的世界が流れ出したとする、新プラトン主義のプロティノスによる「流出論」を用いて、アヴィケンナは世界の創造を説明している。アリストテレスは流出論に依拠していないので、この説明はアヴィケンナ独自の考えである。ここから、「高次の存在＝一者＝完全で純粋な精神＝絶対的な神」と「低次の存在＝不完全で混濁した物質世界」の二項対立構図へとつながるのは当然で、アヴィケンナの考えは「精神＝魂を善とし、物質＝肉体を悪とする」グノーシス主義と親和性を持っている。

『治癒の書』はアリストテレス形而上学を頂点に諸学を論じたものだが、そのなかには鉱物に関する巻がある。そこではジャービル文書を引き継いで水銀と硫黄の理論を繰り返しており、最も純粋な水銀と硫黄が完全なバランスで結合すれば金になると述べている。その一方で、同書には錬金術に対する否定的な見解もはっきりと述べられている。錬金術による人為的なおこないが自然を完全に模倣すること、ましてや超越することは不可能であり、優れて金のように見える技術はあっても、そこにはそのもととなった金属の性質がそのままあり続け、真の金になったわけではない――。

すでに述べたように、おそらく贋金による通貨価値の混乱をおさめるためと思われるが、錬金術を禁止した統治者は過去に何人もいた。それだけ、早くから錬金術に対する懐疑的な見方は存在した。そこへアヴィケンナのような権威者が、錬金術師たちの技術は偽物にすぎないと断言したことは、その後の錬金術否定派にとって強力な武器となっただろう。しかし、それにもかかわらず、アラビアでもヨーロッパでも、錬金術はその後も存続し続けるのだ。

3　十二世紀ルネサンスによる逆輸入

キリスト教ヨーロッパは、十字軍遠征によってイスラム教文明圏と全面衝突する。それまでにも、北方からやってきたノルマン人がアラブ勢力からシチリア島を奪ったり、イベリア半島におけるイスラム勢力を追いやるレコンキスタ（再征服運動）などで、両文明圏は何度か軍事的衝突を繰り返していた。そこへ、一〇九五年、イスラム勢力から圧迫を受けていた東ローマ帝国（ビザンティン）からの悲鳴にも近い嘆願が西ヨーロッパに届いた。宗派は違えど同じキリスト教国からの要請を受けて、時の教皇ウルバヌス二世は十字軍遠征を呼びかける説教をおこなった。

説教によって熱狂した農民たちや下級騎士は、王や騎士たちによる正規軍が出揃うのを待たず、われ先にと東方を目指して出発した。その動機は宗教的情熱以上に経済問題だった。俗に「民衆十字軍」と呼ばれるこの群衆は、各地で参加者を吸収しつつ数十万に膨れ上がった。もとより資産のない集団のこと、途上で略奪をおこなって、まだイスラム教徒と戦う前から各地で住民の抵抗を受けながら進んでいった。彼らはアラブ圏に侵入したとたんに砕け散るが、生存者は翌年到着した正規軍に加わってエルサレムを目指した。聖地奪還はいったんは成功するも、以来二〇〇年近くにわたってキリスト教勢力は十字軍派遣を繰り返し、最後は敗北に終わることになる。

さてノルマン人の領土となったシチリア島では、サン・カタルド聖堂のようなアラビアの建築様式で建てられた建物が今も教会として生き残っているように、九世紀から一一世紀にかけて同島を支配したイスラム教文化は、その後もある程度の寛容さをもって受容された。イベリア半島の南部でも事情はよく似ており、コルドバの巨大なメスキータ（モスク）がキリスト教会に転用されたおかげで破壊されずに残ったように、セビージャやマラガ、とりわけ一四九二年まで存続したナスル朝の宮廷が置かれていたグラナダなどには、イスラム文化の部分的受容の痕跡を示す例が数多くある。

ラテン語への翻訳

それらの都市では、キリスト教勢力下に入った後も、特に修道院と宮廷において、アラビアから引き継がれた諸学芸が探究された。たとえば先に紹介したアヴィケンナの『医学典範』のラテン語への翻訳はクレモナのジェラルド（ゲラルドゥス）によって、トレドの翻訳所でなされている。

こうした翻訳活動は、当初は聖職者や上流階級の間でなされる限定的なものであって、主要ギルド構成員のような都市の富裕住民層にまで広がるには、ルネサンスの到来を待たなければならない。しかし十字軍で赴いたアラビアの地で、自分たちより高度な文化に触れた騎士や随行者、巡礼者たちのなかには、その地にある物をヨーロッパに持ち込んでひと儲けしようと考えた者もいた。こうして物流が促進され、異なる文明圏の間でも価値が最も担保される通貨――金貨と銀貨――の流通量も再び増えていった。経済活動が活発になっていけば、おのずと商人層の経済力が上がり、都市における発言権も強まっていく。帳簿や契約書を作成するために識字率も向上し、学問の必要性も高まる。これが一二世紀にヨーロッパの主要な大都市に大学が増えていった一因である。それらの大学や修道院では、主としてアラビア語からラテン語への、そして滅亡への途上にあるビザンティンから優れた学者たちが大勢西ヨーロッパへ逃亡してきてからは、ギリシャ語からラテン語への翻訳が盛んにおこなわれた。

クルアーン（コーラン）のラテン語への翻訳者のひとり、チェスターのロバートによる『錬金術の組成』の翻訳は、このアラビア語からラテン語への翻訳運動による重要な成果のひとつである。ハーリドとマリアヌスとの師弟関係の逸話が、ヨーロッパで定着したのは同書によると本章の初めですでに述べたが、そこではさらに、錬金術が単なる金属の変色のための技巧ではなく、一者から生じたものがあらゆるものを構成しているとの理念に基づく学問であることが宣言されていた。同書に書かれた、「錬金の術がいかなるものか、あなたがたラテン世界はまだ知らない」との一文はよく知られている。

イタリアのギルド社会において一四世紀から形となって現れるルネサンスと区別するため、一般に「十二世紀ルネサンス」と呼ばれるこの潮流は、大雑把に言えばかつてヨーロッパ人が自ら作り上げて、その後放棄していた状況にあった学芸を、十字軍によるアラビア世界との衝突をきっかけに逆輸入した現象と言ってよい。もちろんそのなかにはアラビア独自の新たな知見も多く含まれており、たとえば先のチェスターのロバートは、九世紀のイスラム科学者アル・フワーリズミーによる『約分と消約について（Liber algebrae et almucabola）』をもラテン語訳している。これはアレクサンドリアから引き継いだ代数学がアラブ圏で発展したもので、『アルジェブラ（Algebra、代数学）』としても知られる同翻訳書は、その後長くヨーロッパにおける数学の教科書であり続けた。そこにやはりアラビア語の定冠詞アルが付いていることや、今日わたしたちがアラビア数字を用いているのも同

図3-05　《赤いターバンの男》（ヤン・ファン・エイク画、1433年、ロンドン、ナショナル・ギャラリー）

書がきっかけとなっている。

興味深いことに、その受容と定着にはやはり数世紀の時が必要だったことがわかる例がある。北方ルネサンスの初期の代表的画家ヤン・ファン・エイクによる、一般に彼の自画像とされる《赤いターバンの男》（図3−05）の額縁右下には、一四三三という制作年が記されているが、一四〇〇まではラテン数字の「mcccc」、一方の三三は「33」というアラビア数字で記述されており、両方の表記が混在している。

アラビアの知識は、こうしてヨーロッパにおける諸学の土台のひとつとなった。その名残は、これまでも幾度か言及した定冠詞「アル」の付いた科学用語の多さによってもよくわかる。代表的なところでは、化学分野でアルカリやアルコール、数学分野のアルゴリズム、天文学分野ではアルタイルなどの星の名や、暦を指すアルマナックなどがある。ちなみにイスラム教の「アラー」も本来は神に定冠詞を付けた「アル・ラー」なので、日本語で「アラーの神」と呼ぶのは実は「馬から落馬」的誤称ではある。

修道士たちの錬金術

修道院での教育は、中世の主だった学者や思想家をほぼ独占的に生み出した。分析対象となる文献を選んではその内容を検討し、聖書などとの記述のずれや矛盾を指摘し、弁証法的にある合意点へと導く彼らの手法を「スコラ学」と総称するが、これは神学に限らずあらゆる学問分野へと向けられた。一三世紀半ばにはフランシスコ修道会とドミニコ修道会のふたつの托鉢修道会が大いに勢いを伸ばし、学問分野でも最大勢力となった。

先述した通り、アラビアの錬金術がヨーロッパに吸収されていく過程はほぼ修道士たちによる努力の結果であり、フランシスコ修道会からはイギリスのバルトロメウス・アングリクス、ドミニコ修道会からはフランスのウィンケンティウス・ブルグントゥスが出て、彼らによって編まれた百科事典を介してアラビア錬金術が知識層に広く紹介された。

バルトロメウス・アングリクスはベルトレやイギリス人バーソロミューなどの名でも知られているが、生涯については一二二四年にパリで教師をしていた記録のある聖職者で、若い頃はおそらくオックスフォードで学んだと考えられている。彼の主著『物性論』は一九巻から成る大百科事典で、ラテン語からフランス語や英語、スペイン語などに訳されて中世を通じて広く読まれた。そこではまず神と神の名、天使や魂などが論じられた後、身体の部位から天体へ、そして動植物から鉱物に至るまでの幅広い分野が扱われている。ただ、彼は明らかにアヴィケンナから多くを学んでいるにもかかわらず、金の錬成にはたいした関心を示すことなく、もし割れないガラスがあれば金より価値があっただろうと述べている。

一方のウィンケンティウス・ブルグントゥスは、北フランスのボーヴェにあるドミニコ会の修道院にいたことで、ヴァンサン・ド・ボーヴェ（ボーヴェのヴァンサン）の名でも知られている。彼はパリの北にフランス王ルイ九世が建てさせたロワイヨーモン修道院に移り、そこで「王の朗読者」を務めた。これは当時、王家と関係の深い修道院によく置かれていた役職で、王のために本を選定する司書であり、内容を適宜まとめたりする編集者でもあり、さらにそれを読んで聞かせて、内容についての対話相手を兼ねる教師のような機能をも果たしていた。ヴァンサンの名を一気に高めたのは、王のために編纂した『大鏡』によってであり、彼は三〇年近い歳月を費やして、そこに当時得られることのできた学識を漏らさず記録しようと試みている。

一八世紀まで読まれ続けることになる同書は、大きく分けて自然、神学、歴史の三部から成る。そのうち最初の『自然の鏡』の部だけで三二巻におよぶ大著だが、そこでは神による万物の創造から始まって、四大元素が天使などと並べて論じられた後、鉱物や動植物、天文学、心理学などが説明されている。一方、音楽や詩、数学や医学は、法学や哲学などと一緒に『教義の鏡』のなかで説明されており、当時の諸学芸の区分が今と随分異なることがわかる。錬金術もアヴィケンナやアル・ラーズィーの著作からそのままの引用が多く、新たな知見と思われるような箇所は見当たらない。しかしギリシャ、ラテン、アラビアの文献から縦横無尽に引用しつつ、その典拠を丁寧に示し、彼自身の見解部分はちゃんと「筆者は」と宣言してから記すなど、今日の学術論文で必須となる形式が早くも採られている点には驚かされる。

アルベルトゥス・マグヌス

代表的なスコラ学者のひとりで諸学に通じていたため「普遍博士」とも呼ばれるアルベルトゥ

ス・マグヌスは、一二〇〇年頃にドイツに生まれ、パドヴァ大学で学んだ後にドミニコ修道会士となった。パリ大学で神学を教え、『神学大全』で知られるトマス・アクィナスの師となり、師弟揃って後に列聖されている。そのため後には聖アルベルトゥスとも呼ばれるが、偉大な賢者として生前から「マグヌス（大）」の愛称が付けられていた。

彼は、キリスト教の教義と相容れない部分が多いとしてフランシスコ修道会などでは排斥される傾向にあったアリストテレスに心酔し、その全著作に言及した初めての人となった。また、ラテン語訳本を介してアヴィケンナについても研究しており、神学と哲学だけでなく錬金術や天文学を含む科学全般に通じていたのもこうした土壌があったためである。

アルベルトゥス・マグヌスはアリストテレスの諸書註解に加え、『被造物大全』や『神学大全』（トマスのものとは異なる）などの書を著した。また彼の『植物論』は、ディオスコリデスの『薬物誌』が出た一世紀以来、ヨーロッパ人によって久々に内容が更新された植物学の基本書となった。『動物論』でもアリストテレスの記述に註解を施した後、自らの観察に基づいた見解を述べている。彼によれば、動物のもととなる精液には、質料をその動物へと成らせるための形相がすでに含まれており、質料を形相たらしめる力の働きかけでそうした現象が起きるとしている。

アリストテレスを出発点とするこの質料と形相、そして両者を結びつける力の理念は、動物以外のもの、たとえば金属などにもそのまま適用できる。アルベルトゥス・マグヌスはアラビア錬金術から硫黄と水銀の理論を、そして四大元素の第一質料からの発生と、そこからの諸物質の生成の理論をアリストテレスから受け継いでおり、そこに「質料を形相たらしめる力＝可能態を現実態へと促す力」の存在が加われば、理論上は錬金術が可能となる。彼はまた『鉱物論』を著し、ヒ素の発見者とされるなど鉱物学への関心が高かった。そのため当然ながら当時の鉱物学では重きを成していた錬金術の研究にかなりの時間を費やしている。しかし多くの錬金術師たちの技を観察した結果、『鉱物論』では、錬金術の目的を達成するには、実際にはほぼ不可能なほどの困難さが伴うと述べている。弟子のトマス・アクィナスはもっと辛辣に、錬金術で得られた金は真の金ではないと断言している。しかしトマスも、真の金を精製することの理論上の可能性自体は否定していない。

ところが、アルベルトゥス・マグヌスに帰属されてきた『錬金術についての小著』では、彼は一転して、神の恵みによって錬金術の正しい知識が得られた、つまりは金の精製に成功したと述べている。このため彼は後世、錬金術の奥義を会得した賢者とされ、死の床で賢者の石をトマスに与えたとの伝説ができ上がった。しかし、アルベルトゥスの自然誌はほぼすべて実験ではなく観察によって得られた知見であり、ジャービル文書の多くと同様に、これもアルベルトゥスの名を冠することで権威を得ようとした後世の著者たちによる偽書の一例か、少なくとも追記された書物なのだろう。第一、トマスは師よりも前にこの世を去っている。

4　中世末期における錬金術のラテン化

偽アルベルトゥス文書群にも増して、本書ですでに何度か言及したジャービル文書に含まれる多くの文献もまた、偽ジャービルと呼んで差し支えない著者群によって書かれたと思われる。ジャービル文書群のうち、ラテン語に翻訳されてヨーロッパに出回っていた文書群は、ジャービル（Jabir）のラテン語綴りであるゲーベル（Geber）から「ゲーベル文書（Corpus Geberii）」と呼ばれてきた。なかでも、化学の教科書的存在となっていた『スンマ（Summa perfectionis magisterii、大全、完成大全、完成のための梗概、マギステリウムなどと訳される）』は、一九世紀半ばに至っても、当時のドイツにおける化学の権威だったヘルマン・フランツ・コップによる研究書により、アラビアのジャービル・イブン・ハイヤーンによって書かれたものとされていた。一三世紀半ばにはヨーロッパのいくつかの大学において、化学の一部として錬金術が教えられており、『スンマ』にも多くの読者がいた。錬金術に用いられる道具も、アラビアからもたらされたものを中心に種類も増えて質も高くなっていく（図3－06〜図3－12）。

しかしその後、徐々に同書と同文書群の帰属に関する疑問が提起されるようになり、『スンマ』を含むかなりのゲーベル文書が、ジャービルが活動した八世紀のアラビアではなく、十二世紀ルネサンス以降のヨーロッパにおいて執筆された可能性が高いことが指摘されてきた。なかでも、『スンマ』や『炉の書』、『真実の発見』などの主要なゲーベル文書群はおそらくひとりの人物によって書かれたものであり、便宜的にそれらの著者を「偽ゲーベル（pseudo-Geber、偽ジャービル）」と呼んで本来のジャービルと区別するようになった。当分野で「ジャービル問題（ゲーベル問題）」と呼ばれてきたこの疑問点についてはいまだ諸説あるが、この問題を丹念に再調査したウィリアム・ニューマンは、偽ゲーベルを一三世紀イタリアのフランシスコ修道会士ターラントのパオロであるとしている。パオロもまた、錬金術を含む化学の探究者と聖職者を兼ねる人物であり、同修道会の学校で錬金術の講義もしていた。

『スンマ』は当然ながら〝オリジナルの〟ジャービルの錬金術にその内容の多くを負っており、硫黄と水銀から諸金属が成っていること、完全な配合とバランスをもたらして金に変じさせるために

図3-08　トゥリブルム〈多孔性の香炉〉（銀とブロンズ製、14-15世紀、マドリード、国立考古学博物館）

図3-07　アルバレッロ〈薬草や実験材料を入れる壺〉（陶器、14世紀、マドリード、国立考古学博物館）

図3-06　フラスコ（ガラス製、12世紀、マドリード、国立考古学博物館）

図3-11　ヴォルペ〈狼、三口ビーカー〉（ガラス製、19世紀、セゴビア、アルカサル）

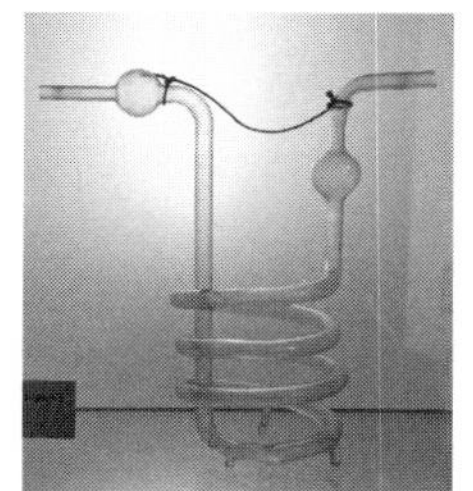

図3-12　セルペンテ〈蛇、蒸留用双曲管〉（ガラス製、19世紀〔後世の加工あり〕）、セゴビア、アルカサル）

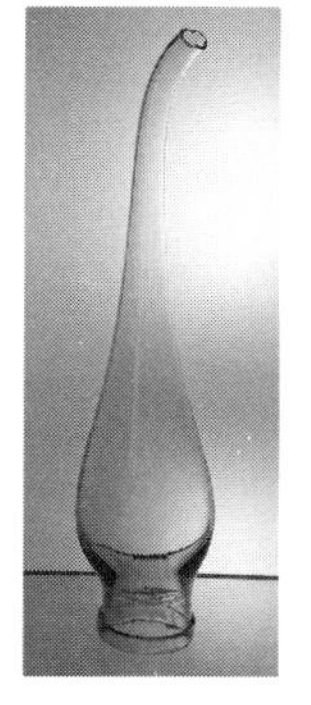

図3-10　エンブード〈曲長管フラスコ〉（ガラス製、19世紀〔後世の加工あり〕）、セゴビア、アルカサル）

図3-09　ゲドゥフル〈双管フラスコ、本来は酢と油を入れる食器〉（ガラス製、18世紀、ストラスブール、ノートルダム大聖堂附属博物館）

はエリクシールが必要であることなどが繰り返されている。一方で、ジャービルが動植物などの有機物をも実験素材に加えていたのに対し、偽ゲーベルはそれらに関心を示さないといった違いもある。興味深いのは、錬金術など可能だろうかとの疑問に対し、これを擁護するような文言がかなりある点であり、裏を返せば、アラビア錬金術がヨーロッパに入ってきてから一世紀程度の間に、すでに否定的な見方が少なくなかった事実を窺い知ることができる。

ベーコンによるふたつの錬金術

同時期の錬金術の擁護者のなかには、ロジャー・ベーコンのような大物思想家もいた。彼はイギリスで一二一四年に生まれ、フランシスコ修道会に入り、母校であるオックスフォード大学の教授となった。彼はアラビアの科学の先進性に気づいたひとりで、自らアラビア語を学んでそこから多くの学識をヨーロッパへ紹介し、導入を試みた。前項でも触れたように、フランシスコ修道会自体はアラビアから学ぶことに相対的に否定的な立場にあったが、トマス・アクィナスの庇護者でもあった教皇クレメンス四世はベーコンを擁護し、研究と執筆に励むよう促した。こうして生まれたのがベーコンの主著『大著作（Opus Majus、大いなる仕事）』である。同書と、芸術と自然、魔法について述べた書簡のなかで、彼はアラビア科学の一部として錬金術にも多くの紙幅を費やしている。

ベーコンの著作の特徴は、理論と同じかそれ以上に実践による経験知を重視した点にある。『大著作』がヨーロッパで最初に火薬について言及した書であることはよく知られているが、そこには、中国からもたらされた爆竹の実演を彼自身が目にした体験があると考えられている。というのも、友人でもある同じフランシスコ会士がモンゴル帝国を訪問しており、またベーコンによる記述が破裂音や閃光などを詳細に伝えているからである。彼はまた降霊術を否定し、一方でガレーノスの医学をアラビアに起源がある正統的な科学とみなす。まるでレオナルド・ダ・ヴィンチの先行者であるかのように、望遠鏡や顕微鏡を発明し、また潜水艦や飛行機械の出現を予言した人物とよく言われるが、それらに関するベーコンによる記述も、つまりは彼が経験知から予測をたてた結果なのだろう。

錬金術の歴史においてベーコンが特に有している重要性は三点。ひとつは、錬金術を実践的な錬金術と理念的なそれとに分けたことである。当然ながら、彼は前者により重きを置いている。次いで、理論的には自然界で得られる金よりも、完全なる錬金術で得られる金の方がより良質だと宣言した点である。ただしベーコンは巷に見られるような現行の錬金術ではそのような金を得ることはできないと考えていたようで、もし可能となるならば彼が説くところの「経験による学（実践による経験知）」によってだとも同時に述べている。

そして最後に、人間の老化を遅らせ、寿命を長くすることができるとすれば、それは食事や睡眠、運動に加え、金を食物のように体内に採り込むことだと述べている点である。エリクシールが万能薬とみなされていたことはすでに述べたが、ここでは金そのものを体内に入れることで、金が持つ究極の均衡状態に肉体と魂を同化させることができるとしている。藤崎衛がいみじくも指摘しているように、ベーコンの研究の背後には教皇の意向があったこと、そしてアルナルドゥス・デ・ヴィッラノーヴァ（次項で詳述）に帰されている『哲学者たちの生について（De vita philosophorum）』では、高位聖職者たちが実際に金を食し、そのなかに実名を挙げられた枢機卿さえいることは注目に値する。このことは、宮廷で王たちが不老不死を望んで錬金術師たちを抱えていたのと同じことが、教皇庁でも繰り返されていたことを意味する。死後に訪れる最後の審判の日に肉体が復活し、神の国での永遠の命が与えられると信じているはずのキリスト信徒の、なかでもその中心に位置している人々である点が味噌である。

第二に挙げた、完全なる錬金術によって得られる金の、自然の金に対する優越性も注目に値する。神によって創造された自然を人間が超えることなどない、その可能性を考えるだけでもおこがましいと一般には信じられていた時代である。もちろんベーコンは錬金術の理論から完璧なる金の精製が可能だと考えたにすぎないが、創造主によって創られた万物を人間の技術が超越する可能性を示したことには変わりなく、この考えはキリスト教中世においては異端的とさえ言える。事実、彼の先進的な思考によって導かれた考察結果は当時の教会の望むところではなく、またイスラム世界への過度の傾倒も苦々しく思われていたのだろう、一二六八年に教皇クレメンス四世が亡くなって後ろ盾を失った後、一二七七年頃からおよそ一四年間にわたって、彼は自宅に軟禁（または投獄）されてしまった。

教会による擁護と禁止

キリスト教会における、錬金術の擁護派と批判派の攻防は続く。フランシスコ修道会は一二七二年には錬金術文献の焼却を始めており、翌一二七三年にはドミニコ修道会までが、焚書こそしないものの、錬金術に関する文献の収集と研究、実験を禁じる措置をとる。次いで一三一三年にはシトー修道会が錬金術の禁止を宣言。そして一三一七年には、教皇ヨハネス二二世によって出された教皇令のなかで、錬金術による金の精製は不可能だと述べ、錬金術師とその擁護者たちを処罰すると宣言した。ちなみにこの教皇は、イギリスのフランシスコ会修道士であるオッカムのウィリアムを異端審問にかけようとしたり、「魔女」を異端認定した人物であり、アヴィニヨン捕囚時代の教皇とあって規律の乱れを正すことに情熱を傾けている。

同様の禁令は各国宮廷からも発布されている。一三八〇年にはフランス国王シャルル五世が錬金術に関するあらゆる研究の禁止を宣言する。一四〇四年にはイングランド国王ヘンリー四世が、次いで一四一八年にはヴェネツィア共和国が錬金術の禁止令を発布した。彼ら一国の統治者たちには当然ながら国内の経済の安定が常に求められていたため、贋金造りによる通貨価値の下落を恐れて、そのような防御策をとる必要があったのだろう。教皇でさえ、カトリック教会の長であると同時に、教皇領というれっきとした独立国の主だった。

一方で、教皇レオ一〇世が錬金術師アウレリウス・アウグレッリから詩を捧げられて、その褒美として財布を贈ったとの逸話はよく知られている。てっきり褒賞として金銀がもらえると思っていた錬金術師に対して、汝は金を造ることができるのだから必要なのは容れ物だろう、というとんちである。もちろんよくある伝説のたぐいだろうが、メディチ家出身でラファエッロら芸術家たちのパトロンとして名を馳せたレオ一〇世は、戦乱の世ならでは、人柄の高潔さや信心深さによってではなく、その経済力と政治力を買われて教皇位に就いた人物である。ヨハネス二二世などとは異なって、教皇宮殿に錬金術師を呼んで謁見を許すほど開明的で、錬金術に対するアレルギーはなかったのだろう。

世俗の王たちのなかにも、擁護者はその後も幾人も出た。とりわけ神聖ローマ皇帝ルドルフ二世、その三代後のフェルディナント三世は多くの錬金術師たちのパトロンであり、また自らも実験するなどしたことで知られている。このうち前者はハプスブルク家の出身で、野菜や魚で描かれた奇抜な肖像画で知られる画家ジュゼッペ・アルチンボルドや天文学者ティコ・ブラーエ、ヨハネス・ケプラーなどを自らの宮廷に集めて、帝都プラハを華やかな文化都市にした人物である。後述するイングランドの錬金術師ジョン・ディーの協力者にして弟子のエドワード・ケリー（エドワード・タルボット）を捕らえて、プラハ郊外の城に収監したのもルドルフ二世である。皇帝はエドワードを自国内にとどめ、錬金術を実践させようとしたのだ。エドワードは皇帝の取引を受け容れて、釈放されるやいなや金の精製に取り組んだ。しかし失敗して再び逮捕され、牢獄から逃亡をはかって転落死したとも伝えられている。

アルナルドゥス

前項で金を食するくだりが『哲学者たちの生について』に記されていると述べたが、その著者とされるのがアルナルドゥス・デ・ウィッラノーウァ（アルナルド・ダ・ヴィッラノーヴァ、アルナウ・ダ・ビラノバ、アルノー・ド・ヴィルヌーヴ）である。彼はおそらく一二四〇年頃にバレンシアに生まれ、自らは入会することはなかったが、ドミニコ修道会の学校で学んだ。その後、医の道を志してモンペリエとナポリで医学を修め、高名な医師となった。薬学でも顕著な功績があり、薬草と蒸留酒から作られるリキュールを考案し、またリトマス苔から採れるリトマスが紫色の染料となることを発見して後のリトマス試験紙への道を開いた。ギリシャ語やアラビア語、ヘブライ語を解し、天文学と錬金術に通じた一種の万能の天才だったと伝えられているが、実際の生涯については不明な点も多い。

アルナルドゥスは各国宮廷で主治医として迎えられ、一二八五年にはアラゴン王ペドロ三世の死を看取り、シチリア王フェデリーコ三世やローマ教皇ボニファティウス八世などに仕えた。終末論者のひとりであり、およそ一世紀後にアンチクリスト（キリストに背く者、反キリスト）が現れて世界は終わる、とのファナティックな説を唱えた。悔い改めよ、神の裁きは近い――という、やはり終末論を唱えた後のサヴォナローラと同様に、アルナルドゥスも社会風紀の一新と教会の改革を主張した。そのため庶民の間で高い人気を誇った一方で教会からは危険視され、何度か投獄されては異端審問にかけられている。

歴代の教皇の間でも彼を擁護する者と糾弾する者がいて、大学の間でもモンペリエ大学のように彼を教授として迎えるところもあれば、パリ大学のように彼を糾弾し、著作の焼却をおこなったところもある。こうした激しい違いは、彼の医師としての高い評価と思想家としての激しい言動によるものだが、この浮き沈みは先の錬金術全体への評価の目まぐるしい変化と奇妙な一致を見せている。彼は医学書を中心に、錬金術書を含む五〇冊以上の著作を残したが、やはりこれまでと同様に、そのなかには彼の名声にあやかろうとした後世の著作も多いと考えられている。研究者によっては、そのうち彼の真筆は五冊程度しかないと見る者もいる。

アルナルドゥスの名が冠せられている文献群では文章量が最も多く、また最も知られているのが『哲学者たちの薔薇園（Rosarium Philosophorum）』だが、これも彼自身の真筆かどうかについて、研究者間で意見が分かれている。今日では同書を真筆とせず後世の偽書とする見方が大勢を占めつつあり、ここでも以後、同書の作者を偽アルナルドゥスと表記する。広く読まれた書なので、その後の錬金術において一種の流行となって多数刊行される「薔薇園もの」のはしりとなった（本書でも後章で掲載する一五五〇年のフランクフルト版などが代表例である）。ただ同じ書名で異なる本がいくつもあるため、偽アルナルドゥスの同書と後世の類書がしばしば混同され、混乱のもとになっている。

ゆえに、彼の錬金術手法を明確に定めることは難しい。基本的に彼と偽アルナルドゥスによる錬金術は医療を目的としており、ガレーノス以来の四体液説を受けて、そのバランスによって健康や病の状態に変化するのであって、錬金術もそのバランスを正常化して健康を取り戻すためにあった。なかには非常にファンタジックな記述もあって、護符や印章を治療に用いたり、血液を術に用いる際には青年男性から春に採取した血液が素材として最適だと謳ったりしている。ただ医療薬としての鉱物の効能について言及している点などは、後世のパラケルススの先駆者とみなすことができる。

偽アルナルドゥスによる『哲学者たちの薔薇園』でも、従来通り硫黄と水銀を諸金属の基礎構成物とするが、その両者では水銀をより根本的要素として扱い、硫黄をやや補助的な位置に置いている。というのも、彼は硫黄を水銀のなかに含まれているものとしたため、つまりは水銀さえあれば硫黄も入手することができ、金の精製工程に入ることができるとしたのだ。また、こうして得られたエリクシールは、自らの重さの千倍もの重量の卑金属を貴金属へと変えることができる、と具体的な数値も挙げている。

さらに特筆すべきことは、偽アルナルドゥス文書のなかでは初期に書かれたもののひとつである『比喩的論考（Tractatus parabolicus）』のなかで、錬金術の工程がキリストの生涯と対比させて論じられている点である。工程の最初に素材があるが、これを受胎と降誕とし、そして破壊や加熱、冷却などの過程をキリストの受難と重ねるのだ。より具体的には、たとえば十字架にかけられることは、加熱によって水銀が揮発し、蒸留器の最上部で再び冷却して凝固する現象を意味すると解釈された。

もちろん、最後に得られる賢者の石の段階は、キリストの復活と昇天と相対させるにふさわしい。この後、キリスト教神学となんとか接点を見出そうとする錬金術文献が増えていくが、それが彼ら錬金術師たちやそのパトロンたちにとって必要になったのだろう。見るからに異教的で妖しげな行為をしているように見えて、実のところはそれがキリストへの信仰と矛盾しないとなれば、それが彼らにとっての精神的かつ社会的な免罪符になっただろうからだ。

創作されたルルス

アルナルドゥスの弟子とされるのがライムンドゥス・ルルス（ラモン・ルル、レイモンド・ルル、ラモン・リュイ）である。彼もかつては錬金術の代表者のひとりとされていたが、今日ではほとんど錬金術とは関係がなかった人物と考えられている。おそらくアルナルドゥスとの直接の接点もなかったはずだ。しかし、例によって彼の名に帰せられた同時代と後世の文献は一〇〇以上にのぼり、中世末期の錬金術の様相を教えてくれるそれらの著作を、ひっくるめてここでは偽ルルス文書としておこう。

実在の人物であるルルス本人は、一二三二年頃にマジョルカ島で生まれた。島では当時、人口の大部分をまだイスラム教徒が占めており、そのためルルスもアラビア語を第二の母語として育った。彼の膨大な著作のなかにはアラビア語で執筆されたものもあったと思われるが、現存はしていない。しかしラテン語のみならず故郷のカタルーニャ（カタロニア）地方の俗語（日常生活で用いられている言語）でも旺盛な執筆活動をおこなったため、後世「カタルーニャ語の父」と呼ばれるようになった。

ルルスは三〇歳前後で五回もキリストの幻視を見たとのことで、それからアッシジの聖フランチェスコにならって私有物一切を放棄し、巡礼の旅に出る。主たる目的はイスラム教徒をキリスト教に改宗させるためである。それからマジョルカ島に帰国後、彼は猛烈に勉強し始め、特にアラビア学については専門的な学校まで設立して、おびただしい数の本を執筆し始める。彼はその後も北アフリカまで何度か布教活動に赴き、またヨーロッパ各地の学者と激しく論争を交わした。八〇歳を過ぎても布教へ出かけ、赴いたアフリカでイスラム教徒から石を投げられて、それがもとで亡くなったとされている。よく知られている逸話だが、これもおそらくは伝説か、尾ひれが付いた話のたぐいかもしれない。

ここではルルスの哲学や神学に関する書物には立ち入らないが、幻視体験のせいかそれらの多くは神秘主義的な内容であり、こうした「神秘主義」や「アラビア学」などが、彼の名が錬金術と結びつけられる原因となったのだろう。実際には、彼は真筆である書物のなかでは錬金術をむしろ非難しているので、この成り行きは皮肉なものだ。ただ彼の専門分野における書物に関しては、亡くなって半世紀も経たないうちに、異端審問官がルルスの著作に異端思想が見られるとして糾弾し、パリ大学ではルルス神学を講義することが禁じられた。神秘主義的思想家にありがちなのだが、彼の評価も時代によって移り変わり、一六世紀に入るとその著作はカトリック教会から禁書目録に載せられるものの、一八四七年には一転して教皇によって福者（聖人の一歩手前と解してよい）に列せられた。

偽ルルス文書のなかで最も知られているのは、『遺言（Testamentum）』である。同書は実在のルルスが亡くなった一三一五年頃から、約二〇年近く経った一三三二年に世に出たもので、著者名はない。しかしルルスに帰せられたので、死後に遺言が公開されたとの設定になる。錬金術師としてのルルスの伝説ができ上がったのは一三七〇年頃のことで、同書は出版後かなり経ってから偽ルルス文書に組み込まれたわけだ。錬金術師ルルスの伝説には面白い逸話がある。彼はイングランドを訪れた際、王から金を精製するように命じられていったんは断った。しかし十字軍の資金にするからと懇願されて、そのような理由なら仕方がないと渋々のんで金を造って献上すると、王は途端に態度を変えて十字軍どころか、それを軍資金として同じキリスト教国であるフランスに攻め入ってしまう。ルルスもロンドン塔に幽閉されてしまうが、彼は空を飛んで逃亡したというのだ。

ファンタジックな伝説はさておき、『遺言』では、これまでの諸金属の精製と医療用の効能に加えて、宝石類をより良質で美しくするため、という第三の効能が錬金術に加えられる。そこでもまたエリクシールとしての賢者の石が医療用に用いられ、また真珠などの石（当時は真珠も宝石にカテゴライズされていた）をより大きく、より美しくするためにも用いられている。つまりそこでは、金属も人体も石類も、皆等しく完全なバランスを保っていればそれは真に正しい状態で保たれ、一方バランスが崩れれば不完全な状態に陥っている。エリクシールで体のバランスを正して病を治すのと同様に、金属や宝石もやはりエリクシールで治療しなければならない――。

偽ルルス文書とルルス伝説の人気の高まりを受けて、そのような物質と錬金術に関する理解と思想が定着していったところで、ヨーロッパはルネサンスへと突入していく。古代とキリスト教がギルド社会で結びつき、経済と文化が活発化したルネサンス時代と、新旧キリスト教の分裂に始まるマニエリスムを経てバロックに至る時代は、同時に錬金術図像の華の時代にもなる。

第4章　奥義書を読む

錬金術書は、一六世紀から黄金期を迎える。それは出版された点数だけでなく、その高い普及率と、なによりきらびやかな図像と摩訶不思議な象徴の洪水による。もちろんその背景には、グーテンベルク以来驚くようなスピードで一般化していった活版印刷の技術革新がある。それまで印刷といえば木の板を彫ってインクを載せる木版印刷を意味していた。そこへ、真鍮などでできた活字を並べてページの版を作る技術が登場したのだ。耐久性はもちろんだが、版を作る手間が激減して印刷コストも低下した。それにつれて、図版も木版画から銅版画や石版画まで多様な技法が成熟していった。

以下に示すのは、その豊かな錬金術図像で有名な五冊の書である。いずれも一六世紀から一七世紀にかけて出されたもので、抽象的かつ寓話的で、およそ意味の通りにくい文章よりも、そこに添えられた図版が中心となっている本である。なかには文章が一切なく、図版のみで構成された書もあって、図版の役割はもはや挿図の域を超えている。

ただし、図版が持つ視覚伝達力は確かに強力ではあるが、それでも内容はやはり理解しにくく難解さは拭えない。しかしそれも仕方がない。これらはすべて秘中の秘を伝える書であり、読み解く力がある者にのみ伝わればよく、その資格がない者にはむしろ内容がわからない方がよいためだ。読む者すべてが金や錬金薬を作ることができたら、それはもはや秘中の秘ではないのだから。

それでは以下より、五冊の代表的な錬金術図像付き奥義書を見ながら、錬金術の工程を追っていこう。錬金術の工程をただ文章で説明するよりも、図を中心に見ていくアプローチは、若干ではあるがわたしたちの理解の助けとなりうる。特に最初の『哲学者たちの薔薇園』は、錬金術図像付きの奥義書のうち最も広く普及し、いくつかのヴァリエーションが生まれ、長く読まれた。そのため、こうしたタイプの文献が持つナラティヴな構成と特質に慣れるためにも、他の四書よりも少し詳しく見ていく。これら五書を見るだけで、同じゴールを目指していたはずの錬金術の工程が、本によってかなり異なることがわかるはずだ。

1 『哲学者たちの薔薇園』

『哲学者たちの薔薇園（Rosarium Philosophorum）』（一五五〇年、フランクフルト版）

『哲学者たちの薔薇園』は、前章で紹介した通り、偽アルナルドゥスを著者とする。いくつかのタイプに分けられる錬金術図像書のうち、「王と王妃もの」とでも呼ぶことのできるタイプに属する。同書に付けられた二〇枚の図版は、いずれも縦約一〇センチメートルほどの大きさで、ごくシンプ

図4-1-00　『哲学者たちの薔薇園』扉絵

ルで明快に構成されている。図像は木版画特有の太くやわらかな線で描かれている。

同書は『古代の哲学者（賢者）たちによる錬金術についての論考（De Alchimia Opuscula complura veterum philosophorum）』と題された書の第二部としておさめられ、一五五〇年にフランクフルトで出版された。ただし、アルナルドゥスに著者名を帰したほどなので、テキストの成立はかなり早く、アルナルドゥスと同時代ではないにしても、早くも一四世紀には書かれたものとしてよい。一五五〇年版はあくまで、木版画による一連の図像とテキストを備えた形で出された最初の版を指している。後にはこの版を下地にして新たに作られた図版を載せた版もいくつか出版されていて、なかには白黒版画に着彩された本もある。

扉絵（図4-1-00）は、一五五〇年フランクフルト版のうち、現在も古書マーケットに出品されている本からのもので、非常な高値が付けられている。上部に記されたラテン語のタイトルには、「哲学者たちの薔薇園。賢者の石（Lapide philosophico）の錬金術の真の方法、第二部」とある。かつての所有者による手書きの書き込みがあり、いかにも薬液がこぼれ落ちてできたような変色の跡まであって独特の古色を漂わせている。中央の版画では、足もとの火を指さしながら、古代と中世の六人の賢者たちが議論する様子が描かれている。その周囲には「死体を水中に投下」といった謎めいたことばが並んでいる。

同書の本文は、「実に慎重に編纂され一書にまとめられた哲学者たちの薔薇園の書が、ここより始まる」との一文で始まる。そこから続く冒頭部の内容を、以下に要約しておこう。

真の知識を得たいと願う者は、この書を何度も熱心に読むがよい。いくら努力を続けても、何も得られずにあわれな結果に終わる者は多い。よってわたしは本書で、誰もがこの秘密を理解できるようにした。

自然が定めたものを超えることはできない。人からは人しか生まれないように、同じものは同じものからしか生まれない。多くのお金をかすめとろうと誘惑する詐欺師に騙されないように。正しい技術を用いれば、巨額の費用など必要としない。手当たり次第にさまざまな方法を試す必要もない。真の方法はひとつしかないのだから。

質料は形相を求めるものだ。わたしたちに必要な原料となる石は、四元素から組成されている。それはどこにでもあり、貧富を問わず誰もが手にすることができるものだ。それは肉体と魂、霊から成り、（「外的・内的」「冷・湿・熱・乾」の）本性の間を移り変わって完成へと至る。

わたしたちの素材となる石は「ひとつのもの」から作られる。

ここからは、熟練者に限らず誰もが理解できるように、と謳っているわりにはわかりにくい文章が続く。「あらゆる金属の精子たる水」によってことはなされ、すべてはその水で融解する。そして「金属の塩」が「賢者の石」のもとであり、それは金と銀とに凝固している水である、という。

それから硫黄と水銀が登場し、前述したような四大元素と四性質との関係が述べられ、それらの正しいバランスによってこそ正しい道へと導かれる、というすでに本書でも見てきた原理が説明される。つまりは、異なる現実態をとっている質料であれ、正しいバランスにおける、ふさわしい本性への転換によれば、金という可能態を形相としてとることを求めるはず、と説明されているのだ。

それからプラトン、アリストテレスら古代の哲学者、グラティアヌス帝ら初期のキリスト教擁護者、さらにゲーベル（ジャービル）や、やはり伝説的なアラブの錬金術師のひとりであるアルフィディウスらが現れてアルナルドゥスと対話を始め、水銀から作業を始めなければならない、といったことが語られていく。

王と王妃

第一の図版（図4－1－01）では、三脚のある鼎状の噴水に、三つの注ぎ口を持つ柱が立っている。その左右からは煙が立ちのぼり、また上下には四つの六芒星があって、最上部にいる双頭の怪物が星を食べようとしている。怪物の下には太陽と月があり、その間にも六芒星が描かれている。

図には「金属の第一の本性から始める」という宣言が付されている。この噴水は唯一無二のもので、貧富を問わず誰をも癒して救済することができるが、同時に毒にもなると書かれている。そして不完全な肉体はこの水で浄化され、第一質料へと変換される。しかし、長々と続く文章は、徐々に比喩的な表現の比率が高くなり、首をひねるような表現が続く。それはたとえば、「水は白と赤にするためのものである」や「花と緑を燃やさないよう注意せよ」といった具合である。

最初からこうした訳のわからない文章と図版にぶつかって、わたしたちはいきなり途方に暮れて

図4-1-01　『哲学者たちの薔薇園』、第１図「魂の浄化の泉」

図4-1-02　『哲学者たちの薔薇園』、第２図「出会い」

図4-1-03 『哲学者たちの薔薇園』、第３図「プロポーズ」

図4-1-04 『哲学者たちの薔薇園』、第４図「結婚」

図4-1-05　『哲学者たちの薔薇園』、第５図「結合（交合／融合）」

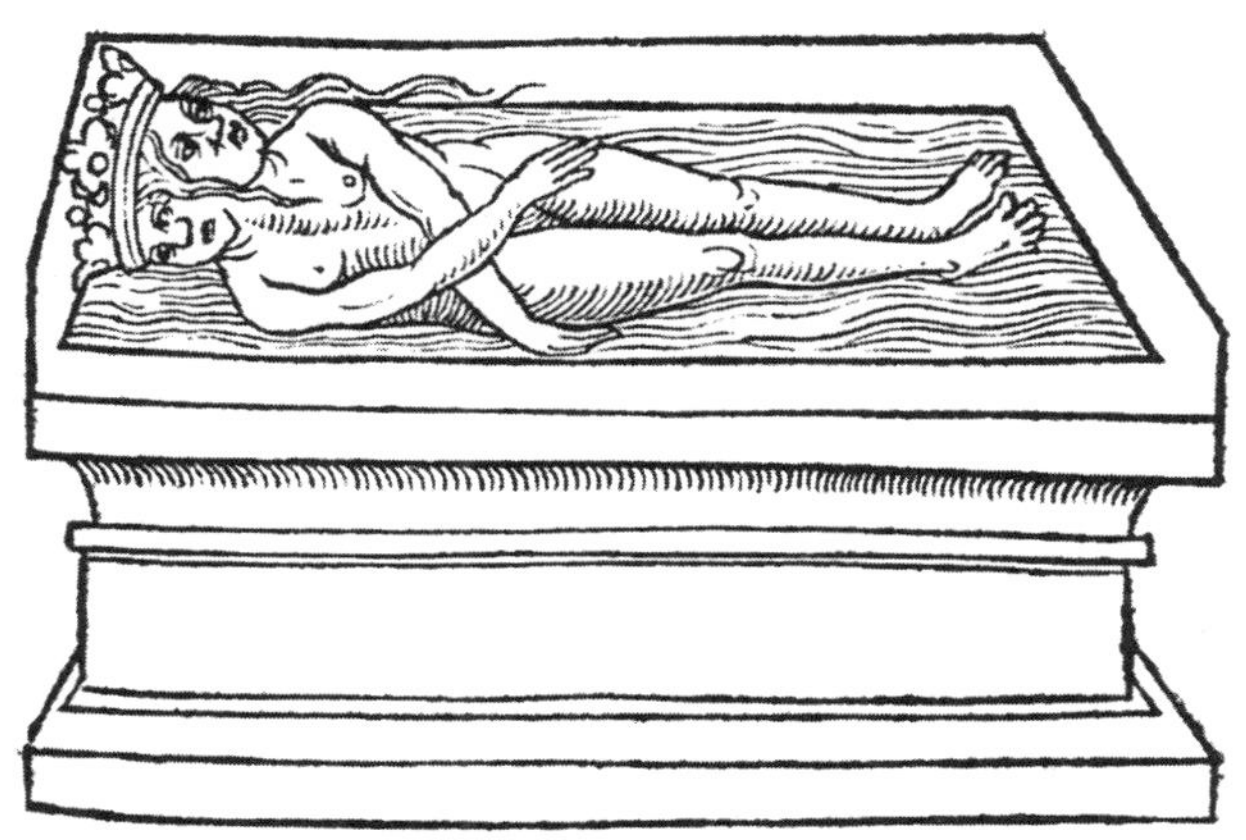

図4-1-06　『哲学者たちの薔薇園』、第６図「死／ニグレド（黒化）」

図4-1-07　『哲学者たちの薔薇園』、第７図「男性的な魂のエネルギーの抽出」

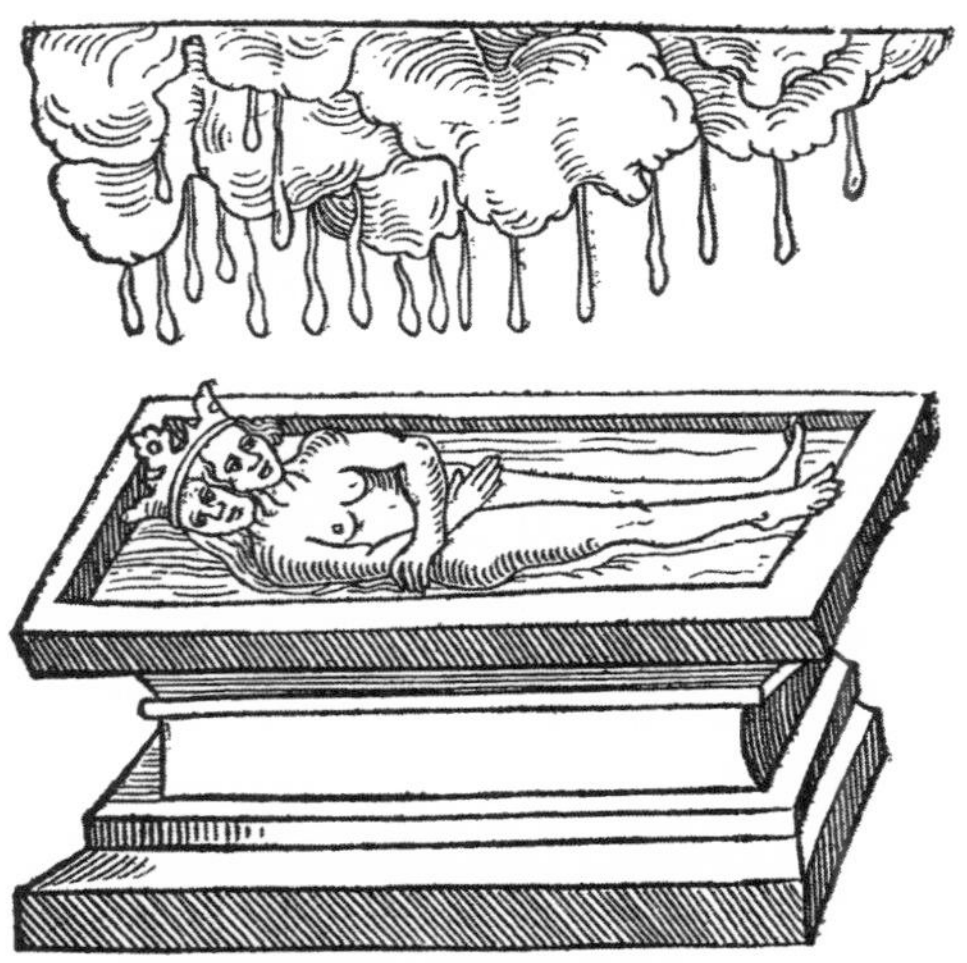

図4-1-08　『哲学者たちの薔薇園』、第８図「浄化」

図4-1-09　『哲学者たちの薔薇園』、第９図「再結合」

図4-1-10　『哲学者たちの薔薇園』、第10図「復活／アルベド（白化）」

図4-1-11 『哲学者たちの薔薇園』、第11図「結合／発酵」

図4-1-12 『哲学者たちの薔薇園』、第12図「再融解」

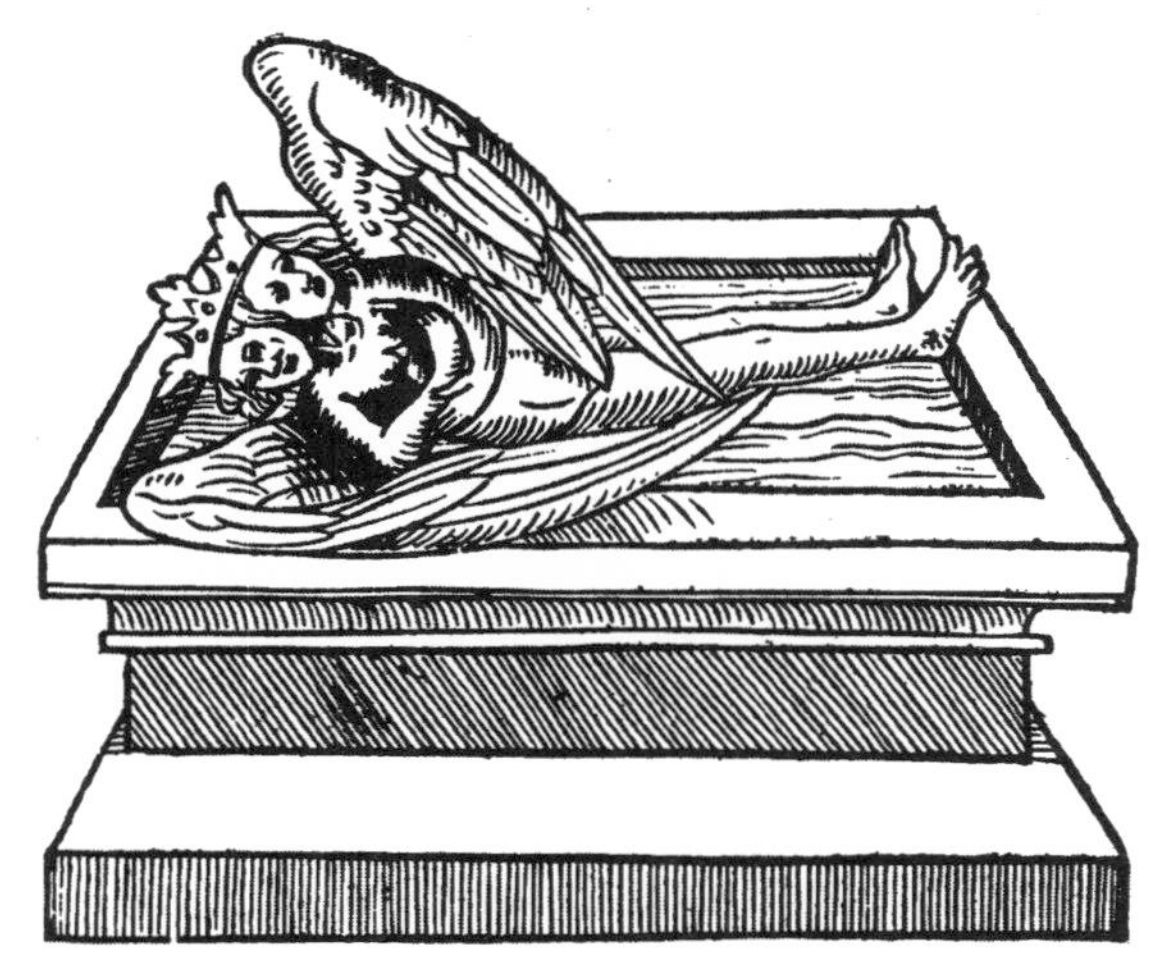

図4-1-13　『哲学者たちの薔薇園』、第13図「死／ニグレド」

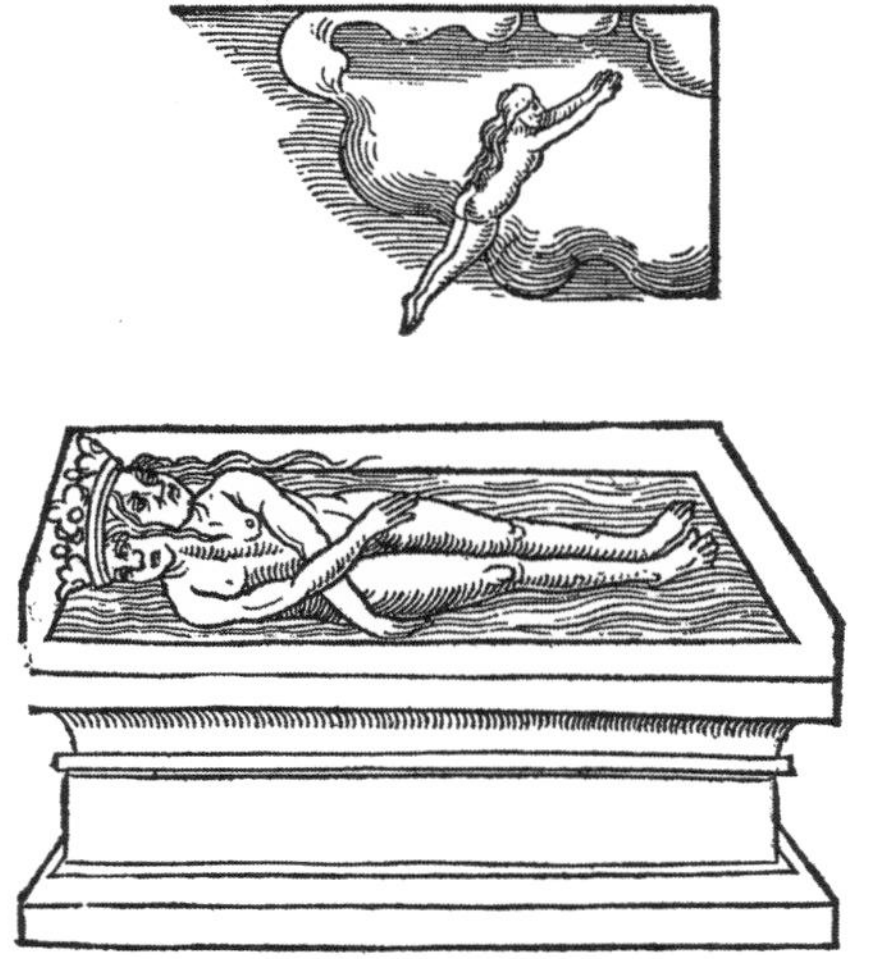

図4-1-14　『哲学者たちの薔薇園』、第14図「女性的な魂のエネルギーの抽出」

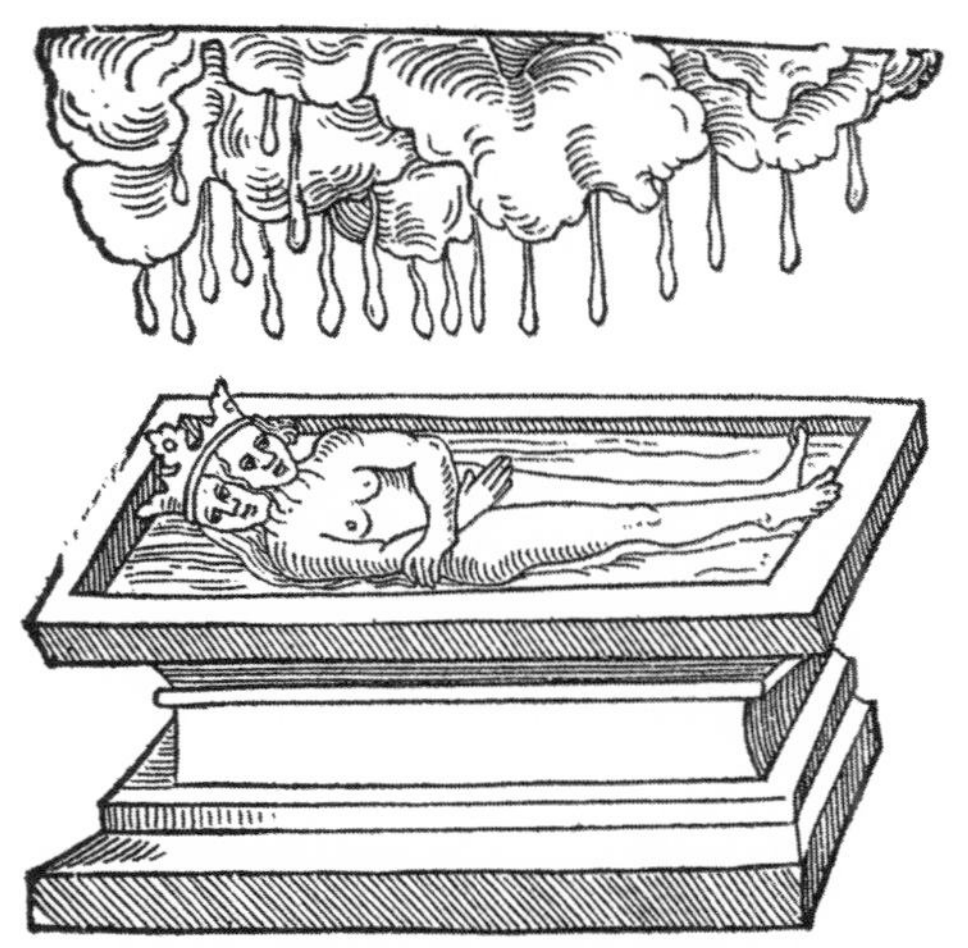

図4-1-15　『哲学者たちの薔薇園』、第15図「浄化」

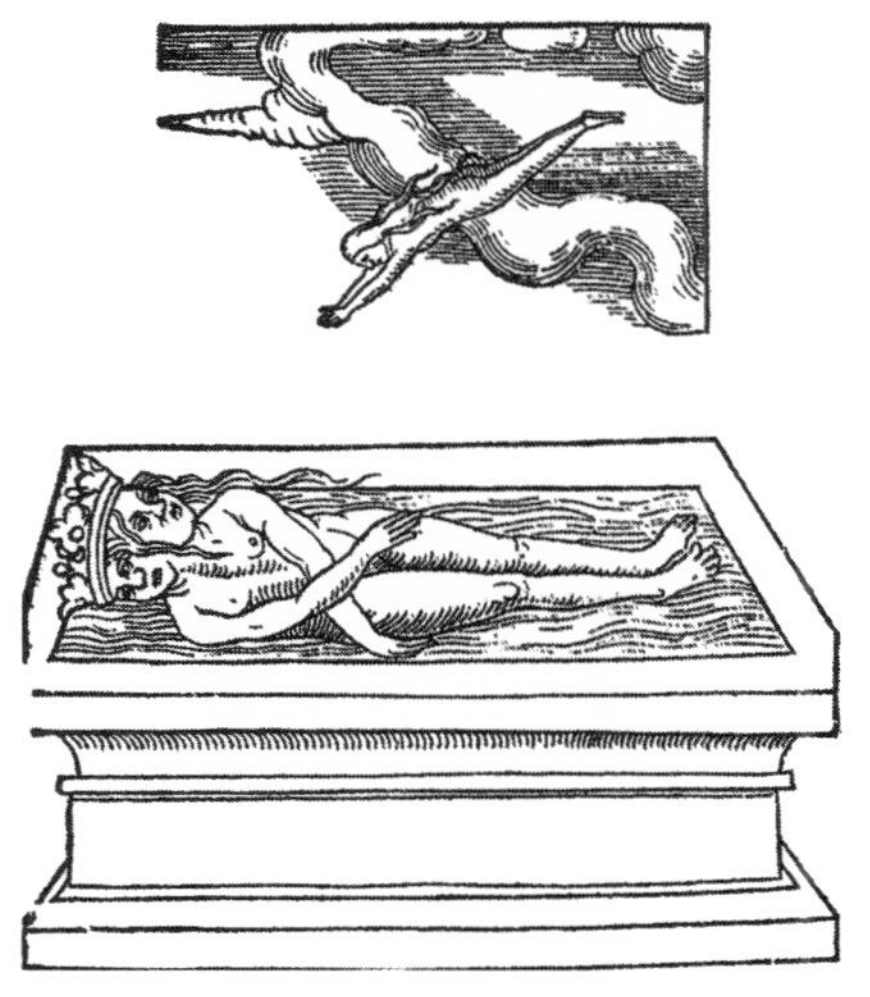

図4-1-16　『哲学者たちの薔薇園』、第16図「再結合」

図4-1-17　『哲学者たちの薔薇園』、第17図「復活／ルベド（赤化）」

図4-1-18　『哲学者たちの薔薇園』、第18図「太陽を喰らう緑のライオン（錬金術師が純化された魂を肉体へ宿す？）」

図4-1-19 『哲学者たちの薔薇園』、第19図「三位一体と戴冠（霊に導かれた魂が肉体と一なるものとして統合し、錬金術師が霊的に高次のレベルに引き上げられる？）」

図4-1-20 『哲学者たちの薔薇園』、第20図「復活と救済（賢者の石によって錬金術師はいったん人間としての死を迎え、その後肉体から魂を自在に解放できる力を手にした存在として復活する？）」

しまう。しかしつまるところ、錬金術の工程に入るためには、あたかもミサに臨む司祭のように、まず錬金術師自身の精神を浄めなければならない。であれば、それが同書で説かれる最初のステップであるはずだ。

ありがたいことにアダム・マクリーンが一九八〇年に出した英語訳『哲学者たちの薔薇園』で、図版の一枚ずつに註解を加えているので、それを参考に、それぞれの図版が意味するところを簡潔に記していこう。ただし解釈には研究者間で違いがあるため、ここに示すものも（多くの支持を集めてはいるものの）その一例にすぎない。筆者もその解釈に全面的に賛同する者ではなく、以下、適宜私見を加えながらの記述となる。

マクリーンによれば、第一図は人間の魂の内的世界に関するものであり、噴水から流れ出る液体は、「聖母の乳」と「酢の泉」、そして「生命の水」を意味する。それらはそれぞれ、月が持つ女性的・受動的な魂のエネルギー、太陽が持つ男性的・能動的な魂のエネルギー、そして魂が内に持つ根源的なエネルギーを指す。錬金術師はまず、魂とそれに作用するものの存在と種類を認識するところから始めなければならない。

第二図（図4－1－02）から、図像は一組の男女を主人公とする連作となる。王冠を戴いていることでわかるように、ふたりは王と王妃であり、それぞれ太陽と月を足で踏んでいる。もちろん、王＝男性性＝太陽、王妃＝女性性＝月の公式に則っている。本書の冒頭で見た『化学の結婚』でも王と王妃のペアが登場したが、生と死、腐敗や復活を表すには人間を象徴とするのがよく、また結合と分離、融解、さらに対立する二項を表すのには男女のペアが都合がよい。さらには、何かを生み出すプロセスを説明するなら、男女の性行為と受胎・出産がメタファーとして用いやすい。

彼らは知り合ったばかりなのか、まだ抱き合わずに立ったまま握手をしている。興味深いのはいずれも左手を差し出している点である。洋の東西を問わず、長らく右は善、左は悪とされており、通常の結婚の儀式であればおたがいに右手を出すところ、どちらかが左手を出すのは両者の身分違いなどを意味することが一般的だった。これを「左手の結婚」と呼ぶが、絵画にもヤン・ファン・エイクの《アルノルフィーニ夫妻の肖像》（一四三四年、ロンドン、ナショナル・ギャラリー）などにその例を見ることができる。一方、『哲学者たちの薔薇園』の第二図では両者はどちらも左手を出しているので身分違いではなく、むしろ外面的には最初反発する二項であることを指すものと考えたい（実際に男女は外部構造的には両極に位置するものである）。

ふたりの上からは鳩が舞い降りてきている。キリスト教文化では目に見ることのできない聖霊を白い鳩の姿で描くのが定型表現となっており、本図でも錬金術の遂行のためには霊的な力を必要とすることを意味する。ここではキリスト教図像との差別化のためにも精霊と呼ぶのが適している。最上部にある六芒星は、当然ながら星の助けも必要であるとの占星術的な約束事を意味するのだろう。

第三図（図4－1－03）になると、王と王妃は裸体をさらしている。ユングなどはこれを意識のヴェールを脱ぐと読むが、つまりは余計なものを省いた両者の状態を指す。彼らはおたがいが差し出す花を手にとり、そこに引き続き精霊が参加している。王の頭上には「月よ、我を汝の夫となせ」、王妃の頭上には「太陽よ、我は汝に従う」と書かれている。つまり第三図はプロポーズの段階にあたり、鳩の上には「汝らを結びつける（＝そのように活気づける）のは精霊なり」と記されている。

白い石

図はより具体的な工程の説明へと進んでいく。第四図（図4－1－04）では、王と王妃は上半身を前図と同じポーズで保ったまま、ふたりで泉に腰かけて下半身を水のなかに浸けている。マクリーンはこれを第一図で見た泉を受けたもので、ここから無意識の領域に入ることを意味するとしている。しかしおそらくは、もっと単純に、工程がビーカーやフラスコ、蒸留器のような器に移され、液化する（あるいは液中に投下される）段階を示すものではなかろうか。王と王妃はここで結婚し、次なる交合の段階へと進んでいく。

王と王妃は、初夜を迎えて横たわり、おたがいの裸体を抱き合っている（図4－1－05）。ここで男性的な霊魂のエネルギーと女性的な霊魂のエネルギーは結合する。当然ながら、物理的にはビーカーのなかの液中で、異なるふたつの素材が混ぜ合わされているはずだ。

続く第六図（図4－1－06）では、ふたりはベッドの上に寝ている。今、「ふたり」と書いたが、しかし図をよく見れば、頭部は王と王妃のふたつの顔が並んでいるが、手足はそれぞれ二本ずつ、つまりひとり分しかないことに気づかれるはずだ。つまりこれは本書の巻頭で見た両性具有体（雌雄同体、アンドロギュヌス、ヘルマフロディトス）となっているのだ。また、横たわるためのベッドも、むしろ石棺と呼んだ方がふさわしいような形状をしていることにも注目されたい。王と王妃は結合して両性具有体となったが、そこに死が訪れ、腐敗が始まるのだ。この段階を「ニグレド（黒化）」と呼ぶ。

さて第六図から続いていく一連の木版画を眺めていると、面白いことに気づかれるはずだ。それは、第六図から第九図までの四枚と、第一三図から第一六図までの四枚が、それぞれ非常によく似ている点である。それら四枚ずつの二組の図版セットは、すべて台の上に横たわる「王と王妃の両性具有体」を描いたものだが、一枚目にはただ台上の横臥姿以外に何もなく、二枚目になると上方に向かう小さな人が加わる。三枚目では上方の雲からなにやら露のようなものが滴り落ち、そして四枚目になると今度は上方から台の方へと小さな人が飛んできている。同様に、第五図と一一図、第一〇図と一七図もおたがい非常によく似ている。

このことが意味しているのは、この工程には同じ段階を踏む作業工程が二度繰り返されるという点である。それもそのはずで、『哲学者たちの薔薇園』で示されているのは、「白い石」と「赤い石」を得るという、よく似た目的とよく似た工程を持つ、ふたつのシークエンスを経て完成へと至る全体像だからである。白い石は卑金属を銀にする力があり、赤い石は金を生むことのできる賢者の石を指す。

第七図（図4－1－07）では、腐敗した両性具有体から、上方にできた煙か雲のようなものへ向かって、手を合わせた小さな人が上昇している。注目すべきはそれが男性の姿であることで、よく似た構図ながら第一四図（図4－1－14）に描かれた小人の姿が、長い髪を背中に垂らせた女性であるのと、その違いは明らかだ。つまり第七図では、男性的エネルギーのみが抽出され、上昇していることが示されている。

ということは、男性的な魂のエネルギーが抽出された両性具有体には、主として女性的な魂のエネルギーが残されているはずだ。木版画の原画を描いた画家も、版木を彫った彫師もそれほどの腕前ではないためわかりづらいかもしれないが、よく見るとご丁寧に、第七図までは両性具有体のふたつの顔のうち一方はしかめ面をした雄々しい顔つきをしており、続く第八図（図4－1－08）ではどちらも細い顎を持つ女性的な顔つきで描かれている。この第八図では上方にある雲状のものから露が台へと滴り落ちる。台上の女性的要素を洗って浄化するステップである。これで女性的要素はさらに純粋な状態になる。

高次の領域にいた男性的な魂のエネルギーが、女性的要素を浄化された両性具有体の死体へと戻ってくるステップが第九図（図4－1－09）である。両者は再結合するが、このことは図の下部に描かれた鳥が、舞い戻って地中にいる鳥と再会している様子でも示されている。そして死の状態から両性具有体は復活し、堂々たるポーズで月の上に立つ（図4－1－10）。「王妃に似た子を無限に生み続ける」と同図に付けられたテキストにはあるので、左に見える多くの顔が付いた奇妙な木は、「王妃に似た子」である「月」が大勢生まれることを表している。白い石はそれほどに女性的要素を強化し、浄化した性質を持つ。

これにて「アルベド（白化）」は完成し、「白い石」が得られた。言うまでもないことだが、この白い石とは物理的な石を指すのではなく、溶媒としての何か、あるいは精神的・霊的な何かである。

赤い石

次なるは「赤い石」を得るための「ルベド（赤化）」の工程である。王と王妃が再び液中で抱き合う第一一図（図4－1－11）も、第五図と同じように、ふたつの要素が結合するステップを指している。白い石のための図との違いは、第一一図では足もとに太陽と月の姿はなく、すでにその霊的なエネルギーが内的に採り込まれた状態を意味している。第五図の性交場面とは男女の位置が逆、つまり第一一図では王妃が王の上に乗っていると読む研究者もいるのだが、木版画を見る限り下位置におむけで横たわる人の顔つきも明らかに女性的なので、同説には与しがたい。

　また、赤い石の作業段階では両性具有体に翼が生えている。錬金術図像では、翼はたいてい気体か揮発体を意味するが、ここでは同時にそれまであった物質的な制約からすでに解放されている状態にある、つまり精神的にはより高次に昇華した状態にあることを意味しているのかもしれない。よってここでは再結合がそのまま気化の状態をもたらすため、物理的には「発酵」のステップをとるものと考えられている。

　王と王妃の姿が突如消える第一二図（図4－1－12）は、「太陽は再び死を迎え、賢者の水銀のなかに没する」とテキストにあるので、物理的には男性的要素（を有する素材）を冷却し、水銀に浸して融解する作業工程を意味している。

　続く第一三図（図4－1－13）から第一七図（図4－1－17）まで、白化の過程と同じプロセスが繰り返される。先述したように上昇する魂のエネルギーは、今度は女性の姿をしている。ということは、台の上にある死体には男性的要素が残っているはずで、女性的魂のエネルギーが体から離れたばかりの第一四図を見ると、確かに台上の死体が持つ顔はどちらもしかめ面をした王の顔つきをしている。加えて、ご丁寧に胸部の描き方においても、白化の死体がはっきりと豊かな乳房をふたつ備えていたのに対し、こちらの胸部はなかで曲線がつながっていないことを見ても、豊かなふた山の乳房を描写したのではないことがわかる。

　ただし、この法則は第一六図（図4－1－16）でも正しいが、一方で第一五図（4－1－15）にはなぜかあてはまらない。台上の死体はどちらも女性的な顔つきで、胸部も女性のそれである。よく見ると白化の第八図と顔つきから露のひとしずくずつまで皆同じなので、本来は男性的な顔つきで描かれた第一五図があったのに失われて第八図と同じ版が流用されたか、あるいはほとんど違いの生じない場面なので、手を抜いて第一五図のための新たな木版を彫らなかったかのどちらかだろう。

ともあれ、こうして両性具有体は再び死から復活し、第一七図（図4－1－17）で「ルベド（赤化）」は完了し、「赤い石」が得られた。白い石の完成を示す第一〇図との違いを、ここにもいくつか見ることができる。画面左に描かれている木に付いているのは、今度は太陽である。「無数の子」は太陽であり、男性的要素である。そして両性具有体は三匹の蛇の上に立っているが、それらはおたがいの口でそれぞれの体に喰らいついている。つまりそれらは全体でウロボロス的存在となっており、第一図で示された「月が持つ女性的・受動的な魂のエネルギー、太陽が持つ男性的・能動的な魂のエネルギー、そして魂が内に持つ根源的なエネルギー」の三者が「一なるもの」へと統合したことを示している。また画面右には自らの胸をついばんで傷をつけ、そこから流れる血で雛を養う鳥が描かれている。これはペリカンで、実際にそのような習性を持つ鳥だと長らく思われていたのだ。錬金術の作業工程では、実験素材を傷つけてそこから抽出したもので何かを作り出す。つまりはペリカンのように自らを犠牲にし、その体から流れ出るもので新たな生命を育てる、と言い換えることができる。そして流れ出る血が次の変化を生み出すこと自体、「赤化」のメタファーとなりうる。

錬金術師自身への適用

『哲学者たちの薔薇園』には、赤い石の獲得後にもさらに三枚の図版がある。その一枚目は、ライオンが太陽に喰らいついている有名な図像である（図4－1－18）。図に添えられた本文には、「我は真に緑と金の獅子なり。哲学者の秘密はすべて我が内にあり」とある。この記述によりこの獅子は「緑のライオン」と呼ばれ、着彩された版本では実際に緑色に塗られている。

それに続く記述部分は、まるで難解な謎解きを思いついて喜んでいる衒学者の文章のようだ。「冷たく湿った水銀から神がすべての鉱物を創った」や「本性から別の本性へと転換し、ある色から別の色へと変化する」などはいかにも錬金術書にありがちな文章だが、「それは自らと結婚し自らの子を宿すドラゴンで、その毒ですべての動物の命を奪う」や「金は汝に問う。汝は我よりも先に汝自身を好むか。我は火に耐え忍ぶ石の主である」といった文章は、きっと読む者に軽い頭痛か絶望感をもたらしてきただろう。

そのため、この図像の解釈には研究者間でも諸説ある。太陽＝男性的な魂のエネルギーに象徴される精神性という定義は一定なので、そこからユングは精神的なロゴス＝光を意味する太陽が、肉体をはじめとする物質世界に採り込まれる様子を表すとした。前段までで精神的な白い石と赤い石の獲得は済んでいるので、その後はそれを錬金術師自身が採り込む＝錬金術師が肉体から精神を自在に解放する力を得るという段階になるはずなので、この読み方を筆者も支持したい。一方、ベティ・J・T・ドブズのように緑のライオンは金属の一種であるアンチモンの未成熟な状態を表すという、物理的なものの象徴と読む者もいる。その場合、太陽は変わらず精神的な力、霊的な力のままだが、ライオンに噛みつかれて太陽から流れ落ちる赤い血は復活した水銀を表すとドブズは読んでいる。他にも、太陽を金として、緑のライオンは金を食べる＝溶解することのできる唯一の物質である王水を表すとの見方もある。その根拠として、王水が実際に緑がかった色をしている点が挙げられている。

いずれにせよ、前段までで精神的な賢者の石を錬金術師はすでに手に入れているわけなので、ここから先はそれが人間におよぼす作用、つまりは錬金術師自身を高みに引き上げる工程に入っていると考えるのが筆者には妥当に思われる。原書の本文にも、「肉体と魂、精神の完成を見た哲学者は、それ自体がエリクシールとなる」と明言されている。錬金術師はここで、賢者の石が持つ男性的な精神エネルギーを自らの物質的側面である肉体のなかに採り込もうとしているはずなのだ。

続いて、男性的要素と女性的要素はそれぞれ純化され、高次に至った状態で結びつく。次のような本文はそのことをかなりわかりやすく示している。「女性は男性の種の容器である。なぜなら彼女はそれを細胞と子宮のなかに保ち、養分を与え、成熟の時を迎えるまで育てるからだ。（中略）月は太陽から光を与えられ、愛される。彼女のうちに月の光はあり、太陽の本性が月の本性を包み込む」。

図4-1-21　《聖三位一体》（ヘンドリック・ファン・バーレン画、1620年代、アントウェルペン、シント・ヤコブス教会）

第一九図（図4－1－19）は、明確にキリスト教文化における「聖三位一体」と「聖母マリアの戴冠」というふたつの図像伝統を受けている。一六世紀末から一七世紀初頭にかけてフランドル地方で活動した画家ヘンドリック・ファン・バーレンによる《聖三位一体》（図4－1－21）では、右側に父なる神、左側に子キリスト、そして聖霊を表す鳩が中央を飛んで

図4-1-22　《聖母の戴冠》〔部分〕（ジュスト・デ・メナブオイ画、1367年、ロンドン、ナショナル・ギャラリー）

いる。この図像は、それら三者が同じものの異なる位格（ペルソナ）であることを意味する。初期キリスト教時代にキリストは神的存在なのか、または人間なのかとの激しい論争があり、キリストを神の被造物と主張するアリウス派に対し、三位一体説をとるアタナシウス派が結局は勝利した。

一方、イタリアのプロト・ルネサンス期の画家ジュスト・デ・メナブオイによる作例（図4－1－22）のように、「マリアの戴冠」の図像は、死後天国に迎えられ、キリストの隣に坐する存在として冠を授けられる聖母マリアの図像である。図で明らかに示されているように、両者とも頭に冠を戴いており、あたかも世俗の王が王妃に冠を授けようとしている場面にも見える。つまり両者は王と王妃、夫と妻、男性と女性の対になるように描かれており、太陽と月、男性的要素と女性的要素、硫黄と水銀という錬金術書に頻出する対と共通項を多く持つ図像であることがわかるはずだ。

ドイツのルネサンス期の画家バルテル・ブライン（父）による作例（図4－1－23）も、やはり聖母の戴冠を主題とするが、冠を授けているのが父なる神と子キリストであり、そしてその中央には鳩がいることから、聖三位一体の図像をも兼ねていることがわかる。このような構図をとる作例はルネサンス期以降に特に多く、キリスト教文化圏では一般的に親しまれていた図像である。

ひるがえって第一九図を見れば、片側に冠を戴いてグローボ（世界を表す球）を抱えた老人男性、その反対側に長髪の男性、中央に鳩、そしてその下に冠を受けようとしている若い女性の姿が描かれており、あらゆる点でブライン（父）の作例に酷似している。ここで思い起こしたいのが第一図で描かれていた三つの口を持つ噴水である。そこでは、月が持つ女性的・受動的な魂のエネルギー、太陽が持つ男性的・能動的な魂のエネルギー、そして魂が内に持つ根源的なエネルギーを意味していた。また、肉体と魂と霊という三つの根本的存在についてもすでに見た。よってここでは、肉体と魂（＝物質と精神）が、精霊に導かれて「一なるもの」として統合され、そこから、もともと人間にすぎないマリアが天国に招かれたように、人間だった錬金術師が霊的な高次のレベルまで引き上げられることを意味している。

図4-1-23 《聖母の戴冠》（バルテル・ブライン〔父〕画、1515年頃、個人蔵）

最後を飾る第二〇図（図4-1-20）でもまた、手に勝利の旗を握りながら石棺のなかから片足をかけて乗り出すその姿は、イタリアのルネサンス期の画家ピエロ・デッラ・フランチェスカによる作例（図4-1-24）のような「キリストの復活」という図像伝統を直接的な下地としている。キリストの復活の主題は、磔刑後に埋葬されてから三日目にキリストが復活するエピソードを扱ったものだが、そこからすぐに昇天し天国へと戻っていくス

図4-1-24　《キリストの復活》（ピエロ・デッラ・フランチェスカ画、1464年頃、サンセポルクロ、市立絵画館）

テップにあたる点がここでは重要である。というのも、キリストは十字架にかけられ、手足に釘を打たれて血を流すところまでは確かに人間としての肉体をまとっているのだが、復活してからは肉体から解放されて天国へ戻ることのできる霊的な存在になっているからだ。先ほどから何度も錬金術の最後のステップは錬金術師自身が肉体から魂を解放させる段階にあたると述べているように、賢者の石によって錬金術師は「人間としていったんは死に、その後肉体から魂を自在に解放できる力を手にした存在となる」のである。これこそが錬金術の完成であり、錬金術師が望みうる最高の到達点にあたる。

2　『太陽の光彩』

『太陽の光彩（Splendor Solis）』（一五八二年版、大英図書館本）

前節で図像付きの錬金術奥義書のおおよそのスタイルがわかったところで、ここからはその他の代表的な図像付き奥義書を取り上げながら、ごく簡潔にその図像と内容を概観していく。『哲学者たちの薔薇園』のように一枚ずつの図版に関して検討を加えることはしないが、基本的な構造はおおよそ似ているため、その必要もないだろう。

『太陽の光彩』は、おそらくあらゆる錬金術書のなかで最も高い人気を誇っている。なにより、一流の写本画家を思わせる細密技法によって丁寧に描かれた二二枚の図版の美しさが人気の理由である。これまでも少なからぬ数の研究者がこの書を取り上げて紹介し、説明を試みてきた。つい最近も、イギリスの研究者たちによって二〇一九年にフルカラー図版付きの註解書が出たばかりであり、本書の当節における説明も同文献に多くを負っている。

『太陽の光彩』は、伝統的にサロモン（ソロモン）・トリスモシンを著者としていた。トリスモシンは一五世紀末から一六世紀初頭にかけて活動した錬金術師で、賢者の石の獲得に成功した人物とされていた。彼の名は『太陽の光彩』および、同書をおさめた『金羊皮（Vellus Aureum）』の著者として、また後述するパラケルススの師として広く知られていた。パラケルスス自身がコンスタンティノープル（現イスタンブール）でトリスモシンと出会って教えを受けたと書いている。

『金羊皮』にあるトリスモシンの自伝的記述は、錬金術を学ぶための起伏に富んだ旅の遍歴を含んでいる。そこで彼は、ドイツやイタリアで学んだ後、東方まで足を延ばして秘密が記された書物を発見し、水銀から金を得る技術を会得したと書いている。そもそもの旅のきっかけが鉱山労働者の話を聞いたことに始まる点は、後に鉱物療法の祖となって医学に大きな貢献を果たすことになるパラケルススの師とするにふさわしい。ただ、トリスモシンは賢者の石の半分をエリクシールとして用いて若返ったと書いており、おまけに一七世紀末に彼を目撃したという証言者までいて、その生涯は著名な錬金術師によくある摩訶不思議な奇跡や伝説に彩られている。そのため彼の実在を疑問視するキャシー・コップのような研究者もいる。他にサロモン・トリスモシンの名は本名ではないとする見方もあり、なかでも彼を一時期パラケルススの指導者だったウルリッヒ・ポイゼルと特定したステファン・スキナーの説はかなりの支持を集めている。

『太陽の光彩』の最も古い写本は一五三〇年代にドイツ語で書かれたもので、ベルリン国立博物館の版画素描館にある。これを原本とするか、あるいは失われた同系統の本を原本として、多くの派生作品が出版された。ここに掲載したのは一五八二年に出た版で、現在はロンドンの大英図書館にある。一五九八年にスイスのロールシャハで出版された『金羊皮』におさめられた後も、一七〇八年ハンブルク版など派生作品の出版は続き、系統全体で見れば、今日でもパリやニュルンベルクなど各地に残る約二〇冊の存在が知られている。

四部構成の書

こうして図版を眺めながらその意味するところをまとめていくと、同書が四部から成る構成であることがわかる。第一部は第一図（図4-2-01）から第四図（図4-2-04）までで、錬金術の概要を説明している。そこでは、錬金術とは四大元素の性質をふまえたうえで、硫黄と水銀をもとにフラスコのなかでおこなわれる作業であることが簡潔に示されている。

第二部と第三部は、ひと続きの流れのなかにあるが、作業を成功へと導くものが異なる。第二部は第五図（図4-2-05）に始まり、第一一図（図4-2-11）へと至る部分であり、錬金術の一連の作業工程が寓意的な図像によって表されている。鉱物として掘り出された第一質料は、ニグレドによって四大元素に分解され、真に重要な要素のみ抽出される。続く第三部は第一二図（図4-2-12）から第一八図（図4-2-18）までで、七つの星が与える力を利用することによって、錬金術の

図4-2-01　『太陽の光彩』、第１図「この技術のための装備」
変色した自然界の太陽＝金を、輝く錬金術の太陽＝金へと変える。下側にある太陽には目と口に３つの太陽が入っており、「三つのものがひとつのなかに、ひとつのものが三つのなかに」という錬金術の公式を表す。

図4-2-02 『太陽の光彩』、第２図「錬金術師とフラスコ」
錬金術師が彼のフラスコを手にしている。その上のリボンには「四大元素を調べさせよ」という意味の文が書かれている。

図4-2-03 『太陽の光彩』、第３図「二重の噴水の騎士」
騎士の頭部の７つ星は七天体を表し、胸甲の四色（左から黒、白、黄、赤）はこれから始まる錬金術の４つの段階に相当する。水銀と硫黄を表すふたつの噴水が混ざり合う。

図4-2-04　『太陽の光彩』、第４図「太陽の王と月の王妃」
水銀＝白い王妃＝ディアーナ（左）と、太陽＝赤い王＝アポロン（右）が出会い、これから「化学の結婚」へと向かう。

図4-2-05 『太陽の光彩』、第５図「鉱物の掘削」
ふたりの鉱夫が鉱山を掘っている。おそらく、ふたつの鉱物から第一質料を得ようとしているところ。裾絵の主題はペルシャ王アハシュエロスに王妃エステルが懇願してユダヤ民族を救う場面で、硫黄が水銀の仲介で重要な要素を保つ工程の暗喩か。

図4-2-06 『太陽の光彩』、第６図「金枝の木」
ギリシャ神話の英雄アイネイアースとシルウィウスが指さす木から、７段の梯子を登った黒服の男が金の枝を取る。７羽の黒カラスが飛び立ち、別の７羽は白色に変わっている。これから黒化→白化へと進んでいく工程を示す。

図4-2-07 『太陽の光彩』、第７図「王は溺れ、若返る」
画面奥の池のなかで溺れている大地の老王は、空に現れた金星によって救われ、若返る（手前の人物）。金星の介入は銅を作業に用いることを意味する。三重の王冠は、水銀と硫黄、塩という基本の３つの素材を指す。

図4-2-08 『太陽の光彩』、第８図「泥から現れた男と天使」
泥のなかから現れた男の体は黒く、両腕は白と赤。六芒星を伴った天使は男に赤い衣を差し出す。黒化の最終段階で、これから白化を経て、やがて赤化へと進むことを表す。

図4-2-09 『太陽の光彩』、第９図「結合／ヘルマフロディトス」
男性と女性の頭部を持つヘルマフロディトス（両性具有体、雌雄同体、アンドロギュヌス）は、王＝硫黄と王妃＝水銀の結合を表す。赤い翼と白い翼を持ち、片手に卵、もう一方の手に凸面鏡を抱えている。卵は四大元素の象徴であり、凸面鏡はしばしば第一質料を意味する。

図4-2-10 『太陽の光彩』、第10図「胴体から切断された金色の頭部」
切断された四肢は、分離される四大元素を表す。そして金の頭部＝真髄だけが錬金術師によって取り出されて保持される。

図4-2-11　『太陽の光彩』、第11図「煮られる賢者」
錬金術師、あるいは錬金術師によって抽出された物質は、水のなかで加熱される。頭上の白い鳥は揮発した成分を指す。

図4-2-12 『太陽の光彩』、第12図「土星─餌を与えられるドラゴン」
上部に凱旋車に乗った土星（サトゥルヌス／クロノス）。フラスコのなかでドラゴンが裸の幼児から口に何かを注がれている。幼児が左手でふいごを操作していることでわかるように、フラスコのなかで精練中の物質は、加熱されつつも干上がらないように液体を加えられている。

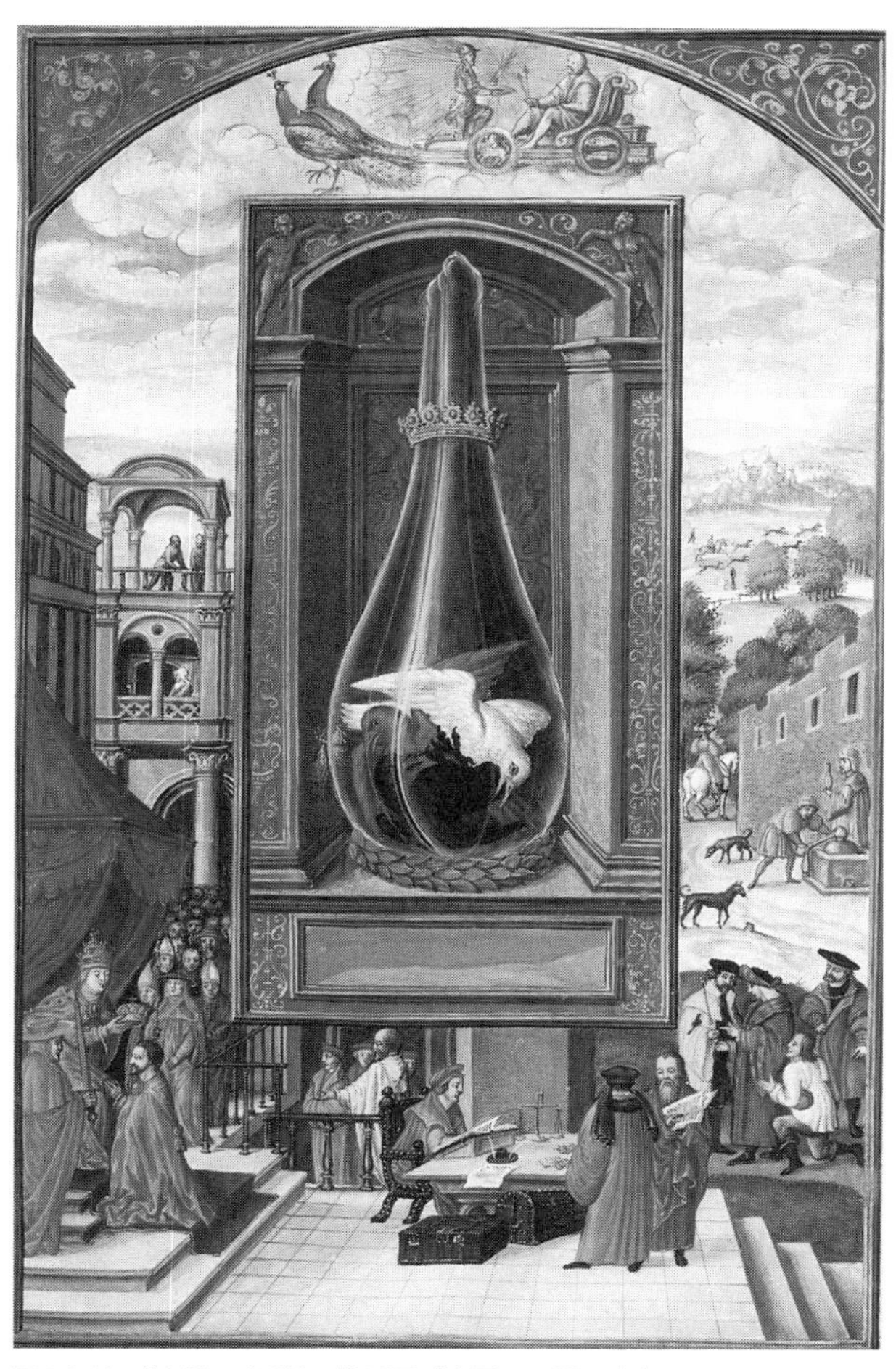

図4-2-13 『太陽の光彩』、第13図「木星─三羽の鳥」
上部に凱旋車に乗った木星（ユピテル／ゼウス）。手にした稲妻はユピテルの武器で彼のアトリビュート（識別のための記号的要素）。フラスコ内の３羽の鳥は色によってニグレド（黒化）、アルベド（白化）、ルベド（赤化）を象徴し、順繰りに繰り返されることを示している。

図4-2-14 『太陽の光彩』、第14図「火星―三頭の鷲」
上部に武装した火星（マルス／アレス）。3つの頭を持つ鷲は、3つの工程がそれぞれ独立しながらも、全体でひとつの作業となることを示す。

図4-2-15　『太陽の光彩』、第15図「太陽―三頭のドラゴン」
上部に太陽の王の凱旋車。ここでも3色で示される3つの工程が表されているが、前図では空飛ぶ鳥である鷲によって気化（蒸発）の段階にあったものが、ここではドラゴンによって昇華の段階に移行したことを意味する。

図4-2-16 『太陽の光彩』、第16図 「金星―孔雀」
上部にクピド（アモール）を連れた金星（ウェヌス＝ヴィーナス／アフロディーテ）。昇華のプロセスは、フラスコの内部の色の鮮やかな変化を伴う。孔雀はこの様子を表したもの。

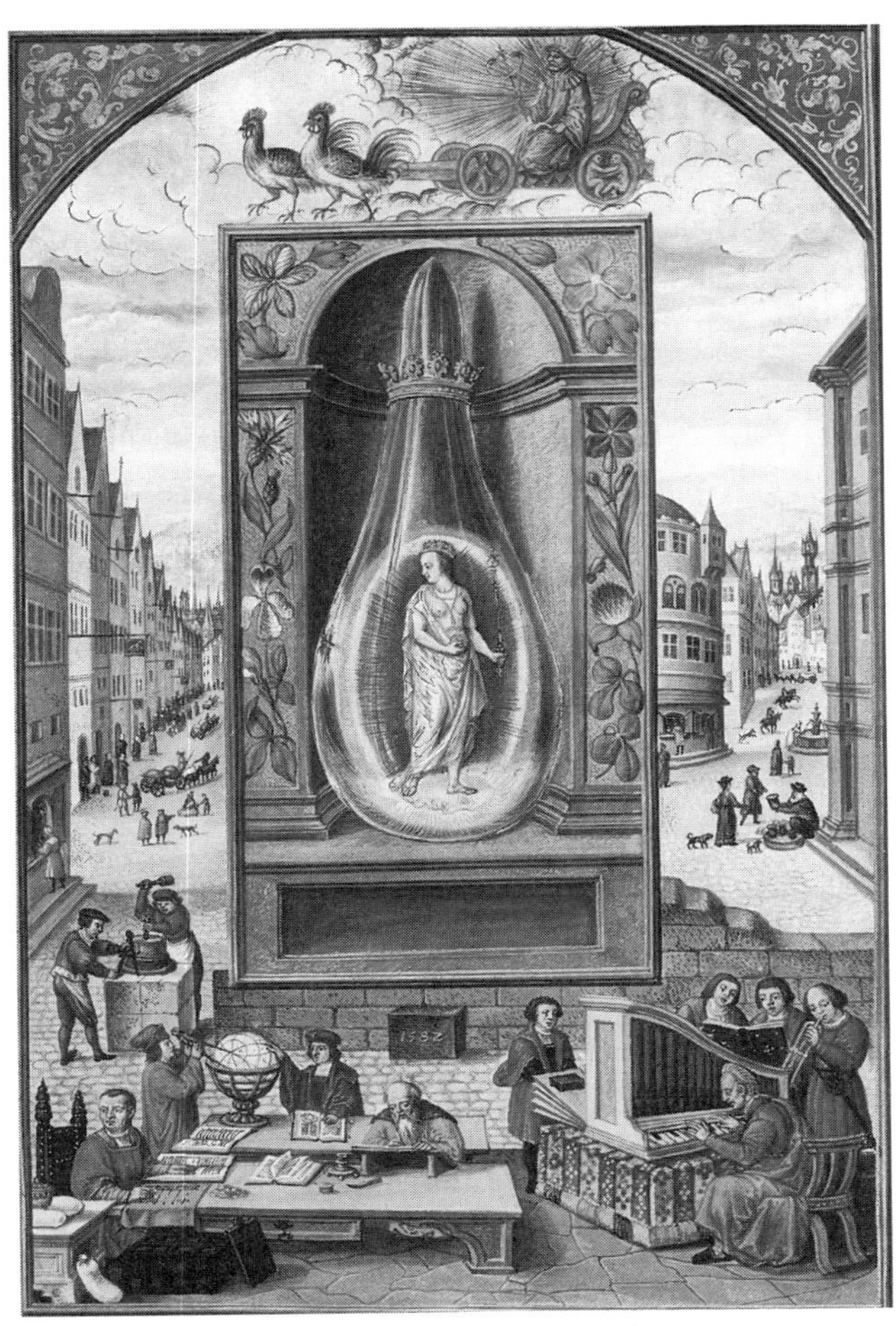

図4-2-17　『太陽の光彩』、第17図「水星―白の王妃」
上部に水星（メルクリウス＝マーキュリー／ヘルメス）。手にしたカドゥケウスの杖は彼のアトリビュート。白の王妃は、アルベドによって得られた白い石を表す。白い石はあらゆる金属を銀へと変えることができる。

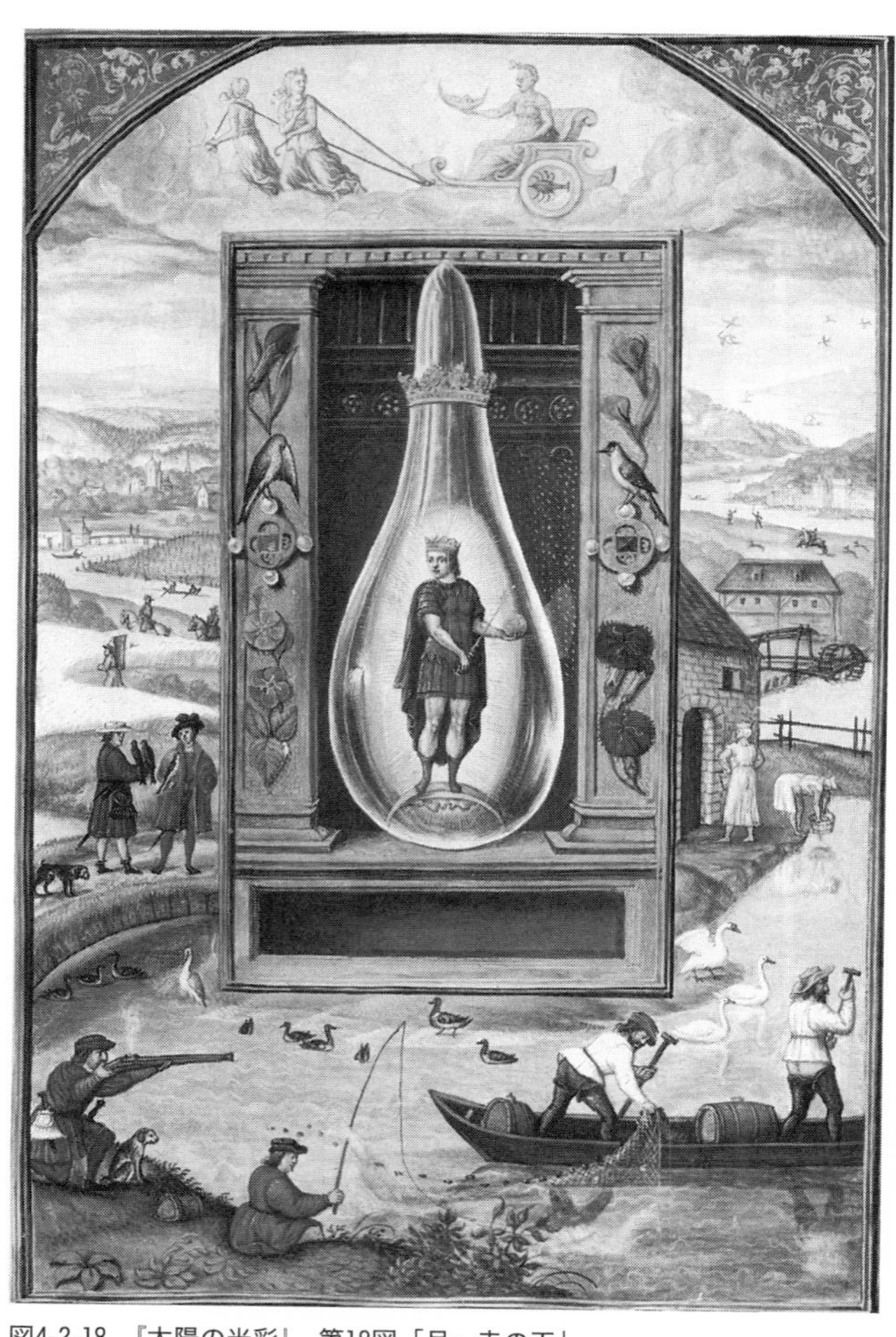

図4-2-18 『太陽の光彩』、第18図「月―赤の王」
上部に三日月を手にした月。フラスコ内に現れた赤の王は、ルベドによって得られた赤い石を表す。赤い石はあらゆる金属を金へと変えることができる。

図4-2-19　『太陽の光彩』、第19図「腐敗する太陽の影」
枯れ木の向こうに落ちて、暗い影に覆われている太陽は、賢者の石が実は自然のなかにまぎれているが、純度を下げた状態にあるため見出されずにいることを示している。

図4-2-20　『太陽の光彩』、第20図「嬰児たちの遊戯」
裸の幼児たちが思い思いにただ遊んでいるこの謎めいた図版は、錬金術師の作業が、その単純さと純粋さによって、つまるところ幼児たちの遊びに等しいとの主張と解釈されている。

図4-2-21　『太陽の光彩』、第21図「女性たちの仕事」
女性たちが洗濯をしている光景は、前図と同様に、煮る、焼く、洗う、干すなどの作業によって、錬金術の工程はすべて女性の仕事と同じだ、との主張である。

図4-2-22 『太陽の光彩』、第22図「赤い太陽」
強烈な光を四方に放つ巨大な赤い太陽は、錬金術によって得られる賢者の石が、この地上＝物質世界から、空＝精神世界へと飛躍させるものであることを示している。

工程が正しい方向へと導かれる様子を示している。この七図版はすべてフラスコのなかの様子に終始し、図の上部に常にその段階を司る星（に相当する神々）の姿が描かれている点で共通しているため、視覚的にも理解しやすい。そこでは、ニグレド↓アルベド↓ルベド、という三工程が、正しい手順によって繰り返し施されることで成功へと導かれる様子がわかる。

少し不思議なのは、第一部では他の三段階と並べられていた「黄化（キトリニタス）」が、第二部以降はすっかり無視されて姿を消している点である。しかし実は、同様の現象を少なからぬ錬金術書のなかに認めることができる。『太陽の光彩』のように同じ本のなかで段階の分け方が変わるのは、この書の編纂者がベースに用いた錬金術書が複数あって、それらの間ですでに分け方が異なっていたためと考えられる。加えて、作業工程の分け方も一定ではなく、四段階に加えて「翠化（ウィリディタス）」が足された五段階によって示される場合もある。しかし中心となるのは常に「ニグレド、アルベド、ルベド」の三段階であり、その他の分け方もこの基本形からの派生形と見てよい。

さて第四部は残る四枚の図版から成るが、その意味するところはやや曖昧で把握しにくい。賢者の石は実は誰にでも手にすることのできる普通のものから成り、また錬金術の工程さえ何も魔術的な力を必要としない単純な作業にすぎず、ただ錬金術師たちはそのことを理解し実践する知識と力があるにすぎない、といった内容が記されているものと考えてよい。いわば、錬金術師の心構えを説いた部分とでも言えようか。

ちなみに、第一九図（図4－2－19）の太陽を金ではなく賢者の石と解釈しているのは筆者の独断である。これをこれまで通り「金」と解釈しては、前章までで見てきた錬金術の歴史が物語っていた、「賢者の石は平凡な姿をしていて、誰もが手にすることができるが、誰も気づかないだけ」という定義に合致しないためである。同様に、最後の第二二図（図4－2－22）は、スキナーらによる最新の研究書に至るまで、昇る赤い太陽を金として、錬金術によって金が高められた様子を示すものと解釈されているが、ここでは錬金術の最終到達点であるはずの、物質からの精神の解放を示すものと考えるのが妥当と思われる。

3 『神の贈り物』

『神の贈り物（Donum Dei）』（一七世紀、パリ、フランス国立図書館アルスナル分館）

『神の贈り物』、あるいは『神の最も貴重な贈り物（Pretiosissimum Donum Dei）』とも表記される一連の写本のグループがある。著者や制作順などの詳しいことは定かではないものの、よく知られたグループである。それらはいくつかのヴァージョンに分かれており、総数では今日まで約六〇冊の存在が確認されている。最も古いものは一四七五年にゲオルギウス（ゲオルク）・アウラッハ（アンラッハ）なる人物によって書かれたと伝えられる。この者がいかなる人物なのかはよくわかっていないが、その後の錬金術書への図像の伝播という点で、かなり広く読まれたことには疑いがない。ラテン語本の他に、ドイツ語とイタリア語、フランス語本が知られている。

ここに掲載するのは、一二枚の図版から成る『神の贈り物』の写本のなかでも、やや後の一七世紀に書かれたものと思われる版で、現在はパリのフランス国立図書館アルスナル分館（アルスナル図書館）にある。すべての図版がフラスコのなかでの変化を示したもので、前項の『太陽の光彩』のフラスコ図像を先取りしている。さらに男女一対のペアが横になって抱き合ったりするような図像で展開される構成は、本章の最初に取り上げた『哲学者たちの薔薇園』と同じ系譜に属する。

それら二書よりも少ない一二の図版によるシンプルな構成をとり、また図版も装飾をかなり省いて描かれているため、錬金術の作業工程をより単純化して伝えている。アルスナル分館本は、なかでも図版の出来がよく、発色も鮮やかなままで、また幼児体形で描かれる人物像は可愛らしくさえある。各図版の上部にはごく短いラテン語によるタイトルが付けられ、各段階での作業工程をきわめて簡潔に説明している。

同グループに属する別ヴァージョンで、現在大英図書館にある「ファーガソン第二三一番手稿」は、アルスナル分館本と同じ一七世紀の写本で、同程度によく知られた稿本である。大英版では図版に細部の描写がより多く加えられ、付されたタイトルも少しだけ長い。ここでは、アルスナル分館本の図版を見ながら、その意味するところを要約するうえで大英版の図とタイトル、および大英版について書かれた先行研究なども参考としている。ただ、いずれにせよ付された原文はいつもながら非常に曖昧で不親切であり、図版の細部についての説明はない。そのため、以下に記す「図版の意味するところ」には、前節までの二書から類推される筆者の解釈が大部を占める。

図4-3-01 『神の贈り物』、第１図「薬の性質」
フラスコを中心に、王と王妃が向かい合う。王冠は金色で、王妃の冠は銀色であり、それぞれ太陽の王と月の王妃としての性質を表し、同時に硫黄と水銀をも意味している。フラスコの口からは７本の花が生えているが、これは言うまでもなく「七天体」と呼応する「七金属」を示唆している。

図4-3-02 『神の贈り物』、第２図「結合」
王と王妃はフラスコに入っており、実験素材の中身だけが投入されたことを意味する。すでに加熱されており、フラスコの首部分に蒸気がのぼっていることがわかる。口からは３本の花が出ているが、これらは『哲学者たちの薔薇園』における中心主題のひとつだった「肉体、魂、霊」と、水銀・硫黄・塩という三位一体を表すものと考えたい。一方、大英版のタイトルには「大地から出る元素の四つの性質を探す」との記述が含まれており、図版ではおそらくフラスコの周囲に生える２本の木と２本の薔薇が四本性（熱・冷・乾・湿）を示唆しているものと思われる。

図4-3-03 『神の贈り物』、第３図「完全なる結合」
王と王妃は冠をも外した姿、つまり純粋な状態にある。両者は裸体で抱き合い性交をおこなっており、結合からさらに一歩進んだ完全なる融解の状態へと移行している。両者のまわりには４つの顔が描かれているが、これは四大元素への分離を指すものと思われる。フラスコの首の部分に浮かぶ幼児には翼が生えており、揮発体として描かれている。口からは９本の花が咲いているが、あまり用いられない数ではある。先行研究はこれを単に「多くの」を意味するものとして片付けているが、トリスメギストス由来の「三重、三倍」から「三位一体の三重」を意味するものか、四本性と四大元素に、第２章の２節で見た「第五元素」を加えた数として「9」としている可能性もある。

図4-3-04 『神の贈り物』、第４図「腐敗」
フラスコの内部は黒一色で描かれ、冷却された結合体が水（Aquaの文字がある）のなかで腐敗へと移行したことを意味している。

図4-3-05 『神の贈り物』、第５図「透明なニグレド（黒化）」
ニグレドの段階である。フラスコの水（Aqua）のなかで、黒く沈殿した層と透明な層との分離が起きていることがわかる。

図4-3-06　『神の贈り物』、第６図「カラスの頭」
フラスコの液体のなかを、数匹の蛇がうようよと泳ぎまわる。加熱と冷却を何度か繰り返した後、液体のなかに一定のパターンを持つ浮遊物が見えることを意味するものと思われる。図とタイトルとが合っていないように思われるが、大英版ではフラスコの口からカラスの頭部が見えており、気化を示すか、実験物の魂とも呼べる真髄が高次なレベルに達しようとしていることを示すものと思われる。

図4-3-07 『神の贈り物』、第７図「エリクシールの浮遊」
ニグレドの状態から、雌雄一体となった物質がエリクシールとして得られる。体は黒っぽい銀色で描かれており、いわゆる「哲学者の油」と呼ばれる種のエリクシールが、ニグレドの液体から最上部に上澄みとして現れたと見てよい。

図4-3-08 『神の贈り物』、第８図「漂白」
黒一色だったフラスコ内は最下部から白っぽくなり、赤みを帯びたドラゴンが登場する。ドラゴンは自らの尾をくわえており、自らを食べる姿で輪廻転生や繰り返しを意味するウロボロス（後述）的な属性を持つものとして描かれている。自らを破壊し、その養分でまた再生するというサイクルは、フラスコのなかで何度も加熱や冷却、融解と分離を繰り返すことで金を形成しうる「高度に純粋でバランスのとれた水銀と硫黄」が現れ始めたことを指すものと思われる。

図4-3-09 『神の贈り物』、第９図「暗い家」
作業工程の繰り返しによってドラゴンは姿を消し、代わりに白と黒に分離したフラスコのなかからさまざまな揮発体が立ちのぼり、しずくとなってまとまっていく。

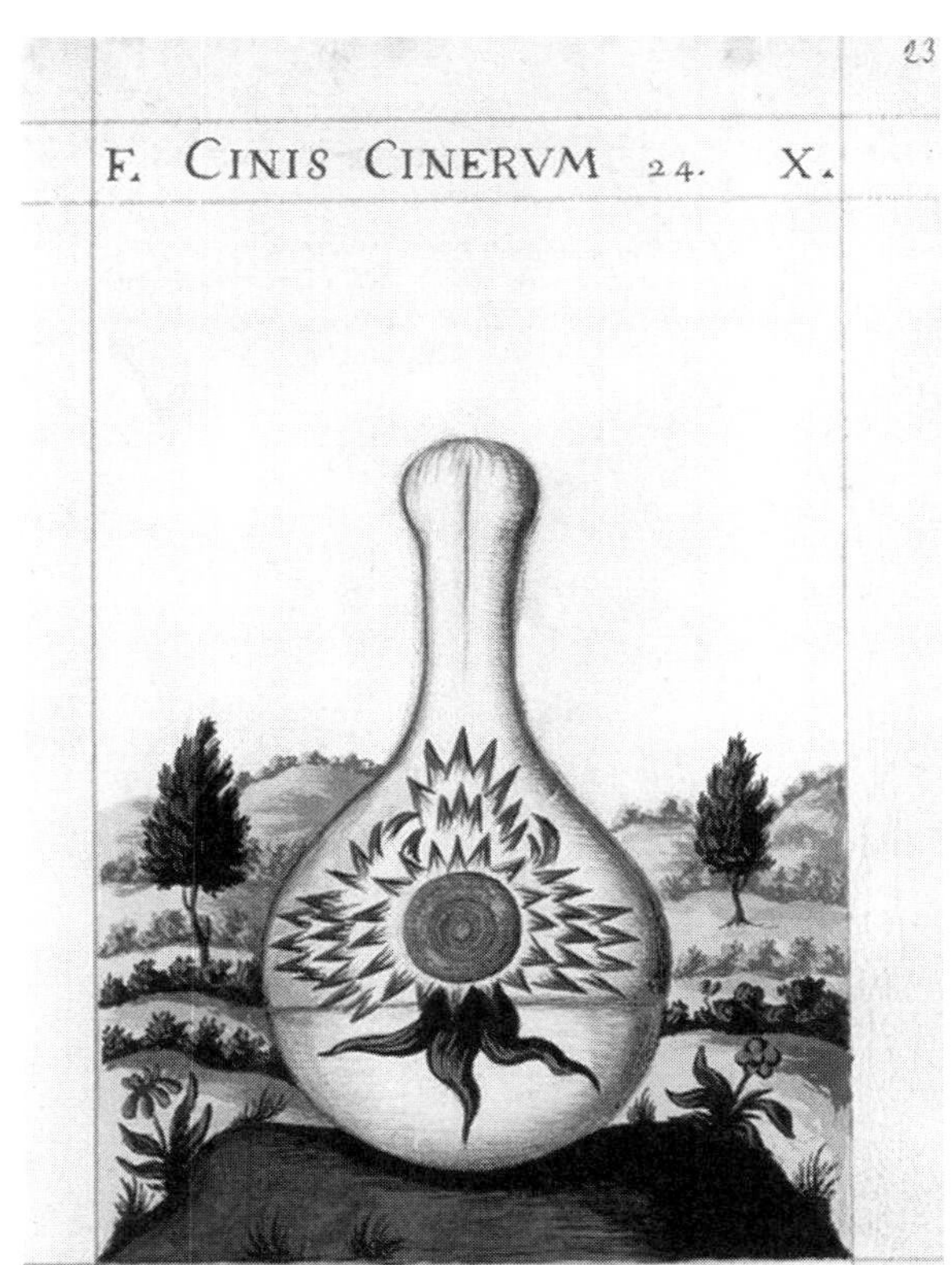

図4-3-10 『神の贈り物』、第10図「灰の灰」
フラスコの内部は灰で満たされ、そのなかからさらに核心的な灰が発光し始める。順序から考えて「発酵」のプロセスを意味するものと推測されるが、それにしても一風変わった図像である。大英本ではフラスコのなかに3本の枝を持つ木が描かれているが、付された本文には「カラス、鳩、フェニックス（不死鳥）」という、図版との整合性に欠ける3羽の鳥の名前が書かれている。そのため非常にとらえどころのない段階だが、3種の異なる要素（物質に限らない）から成る発酵物を意味するものと推測される。

図4-3-11 『神の贈り物』、第11図「白い薔薇」
フラスコのなかに白いドレスで身を包んだ王妃が現れ、すでに見た「キリストの復活」の図像伝統から借りたポーズをとっている。つまりアルベド（白化）の結果、白い石（白い薔薇）として、新しい命を得て見事に復活した到達点を示す。

図4-3-12 『神の贈り物』、第12図「赤い薔薇」
フラスコのなかに満たされた赤い液体はルベド（赤化）を表し、その結果として金色の薔薇がフラスコの口からその大輪を咲かせている。中央に立つのは、当然のごとく赤い石（赤い薔薇）として復活した王の勝利を表す。賢者の石はこうして得られた。

4 『沈黙の書』

『沈黙の書（Mutus Liber）』（一六七七年、チューリヒ、ETHライブラリー、ユング・コレクション）

代表的な錬金術書のなかでも、ひときわ異彩を放っている書が『沈黙の書』である。その名の通り、本文や解説文のたぐいを一切伴わない図版のみの書で、なんらかの文字が書き込まれている図版の数もごくわずかしかない。いきおい、そのミステリアスさと質の高い絵画的な図版によって高い人気を呼び、かつては一部の錬金術師たちや好事家から「これぞ奥義書のなかの奥義書」として一種の崇拝対象とさえなっていた。当然ながらこれまで多くの人々が読解を試みてきており、本書における以下の記述も、ウージェーヌ・カンスリエやリモジョン・ド・サン＝ディディエによる註解書をはじめとした先行研究に多くを負っている。

『沈黙の書』は一六七七年にフランスのラ・ロシェルでわずかな部数のみで出版された。発行人の名はピエール・サヴールであり、第一図（図4－4－01）の最下部に記された「RVPELLAE」と「PETRVM SAVOVRET」がそれぞれラ・ロシェルとピエール・サヴールのラテン語表記である。その後、人気が出て版を重ねるにあたり、本書に掲載した版の図版を元版（もとはん）として、別の彫師によって新たな図版が付けられた異版本が出た。それらは元版に非常に忠実に作られており、両者にほとんど違いはない。ただ元版本の図版と比べて異版本の図版はより細い線で描かれており、人物描写の質などは異版本の方がやや優れている。

図4-4-01 『沈黙の書』、第1図
図中の文は「沈黙の書、しかしヘルメスの哲学のすべてが描かれている。それは慈悲深い偉大な神に三重に献げられ、このみわざの息子たちだけに、アルトゥスという名の著者によって献げられる」。天と地をつなぐ「ヤコブの梯子」を降りてきたふたりの天使が、錬金術師を目覚めさせようとしている（文中のNegと数字は、旧約聖書の「創世記」とその章節番号を指す）。ラッパを吹く天使は、最後の審判の際に死者を蘇らせる役で頻出する図像から採られている。

図4-4-02 『沈黙の書』、第２図
下段ではアタノール（錬金炉）の両脇で作業を見守る男女がいて、上段では「哲学者の卵」のなかで、海王ネプトゥヌスが、太陽神アポロンと月の女神ディアーナを出会わせている。前節までにも何度か登場した太陽の王と月の王妃とほぼ同じ役割を担っている。ただし両者の姿が小さく描かれているので、どちらもまだ生まれたばかりの状態を示している可能性もある。

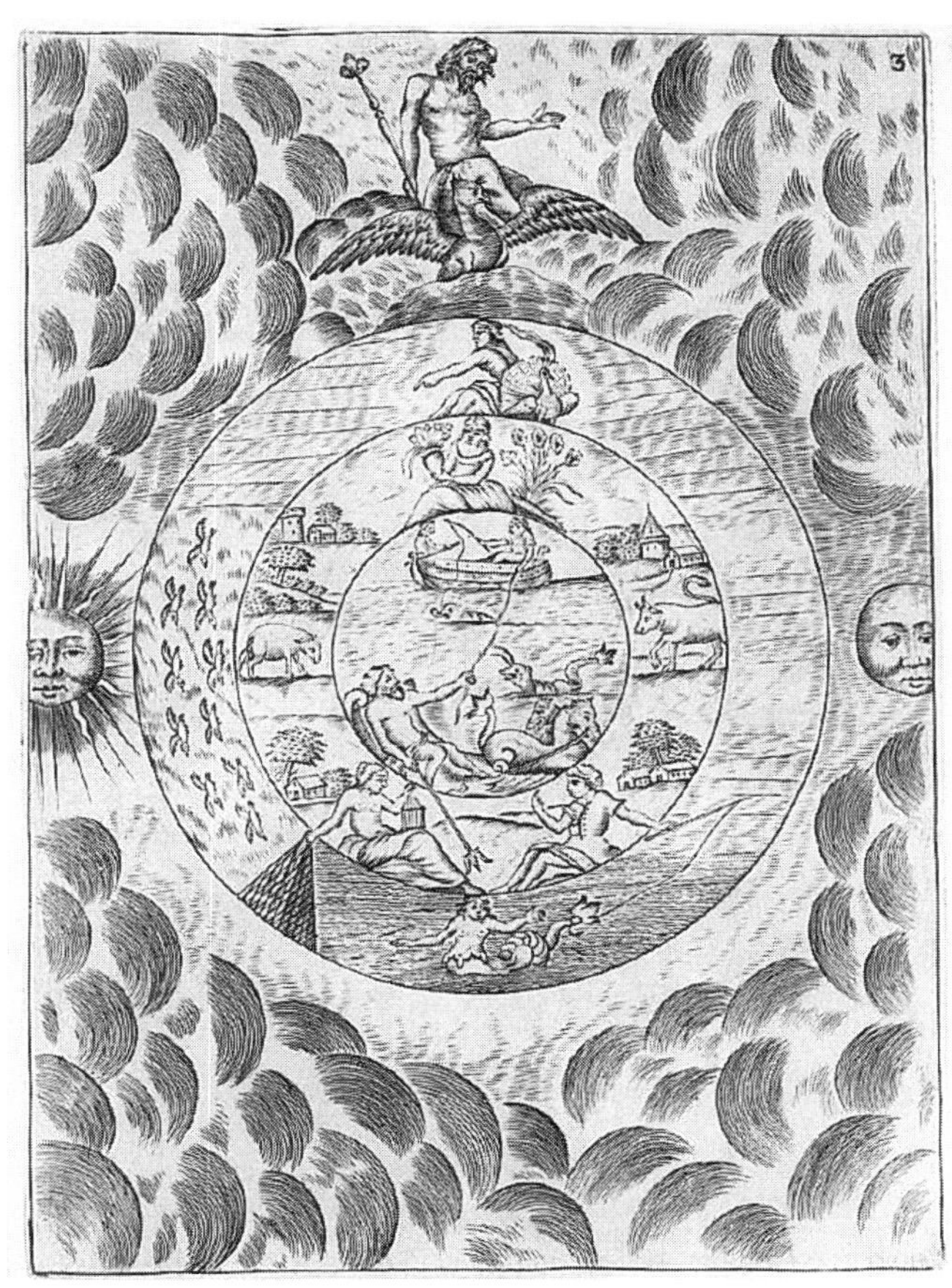

図4-4-03 『沈黙の書』、第３図
ネプトゥヌスのいる中心円から、外へ向かうにしたがって作業の概念が進む（ただし実際の工程の順序とは必ずしも一致しない）。すぐ外側の円では羊と牛がいて、それぞれの星座が属する春に錬金術が始められることが示される（黄道十二宮をここでは無関係とする説もある）。その外側の円には飛び立つ鳥たちが気化を、そして孔雀が（前節で見たように）昇華の段階を示す。そして最上部にユピテルとそのシンボルである鷲がいて、やはりすでに見たように揮発の状態を意味する。

図4-4-04 『沈黙の書』、第４図
ここでも春（初期段階）での作業が示される。最上部に描かれる太陽と月は、硫黄と水銀と呼応する。中央では天から光が降り注ぎ、中景では露を集めるために張られた布（皮）が描かれている（たわませた中央部で露が落ちる）。そして最下部で露＝精気を集めるプロセスが描かれている。

図4-4-05　『沈黙の書』、第５図
上段から下段へと進行する。上段左では前図で集められた液体を蒸留器にかけ、その右では加熱して露を採取し、中段では残った沈殿物を集めている。小瓶のなかの４つの三角形は、四元素に分離した状態か、硫黄１対水銀３の割合を表す。最下段では露をさらにゆっくりと加熱する工程が示されている。判別しにくいが、最下段の装置の下側に「40」という数字が記されている。これはこの作業が40日間（あるいは40回）続くことを意味する。

図4-4-06 『沈黙の書』、第６図
前図での作業が終わると、再び蒸留器にかけられる。露を取った残りの昇華したものが花（薔薇）の形で描かれている。これは冷却後、下段で武装したマルス（火星）に預けられる。下段右では前図で採取された硫黄と水銀の混合物（あるいは四元素に分離した沈殿物）を加熱するプロセスが描かれている。

図4-4-07 『沈黙の書』、第７図
前図の最後のプロセスを経た液状素材をさらに粉砕してフラスコに入れる。これは中段で加熱され、冷却後に現れる塩（あるいは塩化物）が採取されている。下段では「わが子を喰らうサトゥルヌス（＝鉛）」が加熱され、冷却されて白化し、純粋な塩とともに女性的要素（精神的なエネルギー、または水銀）と結びつけられている。

図4-4-08　『沈黙の書』、第８図
「哲学者の卵」のなかに、メルクリウス＝水銀が出現している。太陽と月を土台としていることで、これが正しいバランスにある純粋な「哲学者の水銀」であることがわかる。

図4-4-09 『沈黙の書』、第９図
一説によれば、ここでは天から得られる精気を再び集め、これをメルクリウス＝「哲学者の水銀」に加えることが示されている。しかし、これと似た工程は他の錬金術書にほとんど見当たらないため解釈にも諸説ある。これを、磁気を加える工程と読む者もいるが、第４図とは異なり、ここでは何かを集めるのではなく、前図までで得られた溶液を天にさらしてエネルギーを注入した後、回収して「哲学者の水銀」へと戻す過程と読むのが妥当と思われる。

図4-4-10　『沈黙の書』、第10図
上段では塩（あるいは塩化物）と硫黄を結合し、水銀を注ぐ。中段ではそのフラスコを熱して口をふさぎ（ヘルメスの封印）、右ではそれをアタノールで加熱している。下段ではアタノールのなかでの現象として、太陽と月とが手を取り合い、両者がついに正しく結合したことを表している。

図4-4-11　『沈黙の書』、第11図
第８図と非常によく似ていてまるで間違い探しをしているようだが、下段からはカーテンが消え、上段では雲（露）の量が増えている。工程が繰り返されることで、「哲学者の水銀」がより純度を高めて昇華していることが示される。

図4-4-12　『沈黙の書』、第12図
ここでも第９図とほぼ同じことが繰り返されている。溶液は再び太陽光と月の光にさらされ、天からのエネルギーを与えられて、「哲学者の水銀」のもとへと戻される。

図4-4-13　『沈黙の書』、第13図
ここでは第10図で示された工程が再び繰り返されている。工程は繰り返されればされるほど、再結合した太陽と月（硫黄と水銀）が持つ「変成力」が10倍ずつ増えていることが数字によって示される（100、1000、10000、など）。変成力とは、ある重さの賢者の石が、何倍の重さの諸金属を銀や金へと変えられるか、を指す。

図4-4-14　『沈黙の書』、第14図
4段に分かれたこの図版では、さまざまな器具とともに、錬金術への心構えが述べられている。第2段では、中央に子ども、左右に女性がいる。女性たちは家事の象徴である糸紡ぎ棒（紡錘棒）を持っているが、ここで思い出したいのは『太陽の光彩』の第20図と第21図である。すなわち、錬金術の作業は本来、特別な技術を必要としない児戯や家事のようなものとの意味である。最下段では、「祈り、読み、読み、再読し、働けば見出すだろう」と書かれている。

図4-4-15 『沈黙の書』、第15図
中央上部の「賢者の石」は2輪の薔薇を手にしているが、それらは（白黒の版画ではあるが）それぞれ赤（金に変える赤い石）と白（銀に変える白い石）のはずである。地上では棍棒を手にしたヘラクレスが横たわっており、これは死→再生のサイクルの一翼を担う。また、錬金術師は「汝は汝の目で消える」とのことばを口にしているが、これは賢者の石が目に見えない霊的なものであることを示唆するものと解したい。

異版本の第一図では最下部の文字三行が失われ、中央の梯子の奥の風景が山ではなく海景となっている点などが異なっている。その後に版を重ねていったのはむしろ異版本の方であり、そのため今日でも一般には異版本の図版の方が広く出回っている。ただそちらには、オリジナルの元版本の巻頭にあった「読者へ（Au Lecteur）」という短文と、巻末にあった「王による勅許状（Privilège du Roy）」の、いずれもフランス語で書かれたページが省かれている。なお、ここに掲載した元版本と同じ図版を付された書籍が、一九六七年にジャン＝ジャック・ポーヴェールによって出版されており、これには『沈黙の書』について最初に詳しく研究したカンスリエによる解説が付いている。

第一図の中央には、同書で唯一の長い文章がラテン語で記されている。その末尾に、著者として「アルトゥス（Altus）」なる名が記されている。それが誰を指すのかは諸説あり、ラ・ロシェルにいた医師の名などが具体的に挙げられてきたが、いまだ決着を見ていない。ただ、元版本の巻末にある前述の「王による勅許状」のなかに、同書が「ジャコブ・ソーラ（Jacob Saulat）」によるものと本人からの申告があったと書かれている。この人物も特定されておらず、また第一図に記されたアルトゥスとの関係についても謎のままである。ただ興味深いことに、ソーラのラテン語表記「SULAT」と「ALTUS」がアナグラムの関係にあることが指摘されている。であれば著者はやはりソーラで、錬金術師として名乗る時には変名アルトゥスを用いていたのかもしれない。

また第一図のラテン語文には、この書が「figuris hieroglyphicis」で描かれている、と記されている。通常は象形文字を意味する語だが、ここでは当然ながら絵文字というよりも描かれた絵図版全体を指している。

さて同書は、珍しく男女による錬金術師のペアによって作業がおこなわれる。数枚にわたって描かれるその作業場は炉やフラスコ、ビーカーやるつぼなどが描かれていて、いかにも錬金術の実践的な作業風景に見える。しかし、例によって読解を困難にするには充分な暗喩や曖昧な仕掛けにあふれており、男女のペアでさえ、実際に錬金術師がふたり必要なのか、あるいはひとりの錬金術師の内的な男性的要素と女性的要素を指しているのかさえ定かでない。図によっては、男性＝硫黄、女性＝水銀の公式をあてはめて読むのが適切と思われるものもある。

ともあれ、画面が上下二層に分かれている時には下段に錬金術師の作業場、上段に（主としてフラスコのなかで）その工程によって起きていることが描かれている。言うまでもなく、上段に描かれるフラスコ状のものは、フラスコを物理的に描いたというよりは、そのなかで起きる精神的な側面が主であり、いわゆる「哲学者の卵」と総称される表現形式である。

5　『逃げるアタランタ』（抜粋）

ミカエル・マイヤー『逃げるアタランタ（Atalanta fugiens）』（ヨハン・テオドール・ド・ブリー、オッペンハイム、一六一八年）

「逃げるアタランタ」というタイトルは、古代から高い人気を誇ったオウィディウスの『変身物語（変身譚）』にある物語に由来する。走るのが誰よりも速い美女アタランタ（アタランテ）は、言い寄る求婚者たちに「自分が負けたら結婚するが、勝ったら相手は死なねばならない」という条件を出し、競走を挑んでは打ち負かしていた。そこで彼女に恋するひとりであるヒッポメネスは思案に暮れ、ヴィーナスに祈ったところ、女神は彼に黄金の林檎（りんご）を三個授けた。いざ競走となり、彼はその途上

ATALANTA
FVGIENS,
hoc est,
EMBLEMATA
NOVA
DE SECRETIS NATURÆ
CHYMICA,
Accommodata partim oculis & intellectui, figuris cupro incisis, adjectisque sententiis, Epigrammatis & notis, partim auribus & recreationi animi plus minus 50 Fugis Musicalibus trium Vocum, quarum duæ ad unam simplicem melodiam distichis canendis peraptam, correspondeant, non absq; singulari jucunditate videnda, legenda, meditanda, intelligenda, dijudicanda, canenda & audienda:
Authore
MICHAELE MAJERO Imperial. Consistorii Comite, Med.D. Eq. ex. &c.
OPPENHEIMII
Ex typographia HIERONYMI GALLERI,
Sumptibus JOH. THEODORI de BRY.
M DC XVIII.

図4-5-01 『逃げるアタランタ』扉絵（1658年版、フィラデルフィア、科学史研究所）

で林檎をひとつずつ落としていく。そのたびに拾ったアタランタに彼は勝利し、めでたく両者は結ばれる。

掲載した扉絵（図4－5－01）にも、左下に競走場面、右中段に黄金の林檎を授かるヒッポメネス、そして右下に結婚の様子が描かれている。著者のミカエル・マイヤーは、錬金術の工程やその哲学を、この物語に託して説明している。アタランタとヒッポメネスの結婚は男女の合一であり、硫黄と水銀の融合にほかならない。ただしその後の図版と註解部分には、この物語はほとんど出てこない。そのためか後に出た版のなかには、書名からアタランタの名を省いたものさえある。

ちなみにアタランタとヒッポメネスの競走場面を描いた有名な絵画に、バロック期のイタリアの画家グイド・レーニによる作品（一六一八〜一九年、マドリード、プラド美術館他）があり、扉絵の左下の構図とよく似ている。レーニの制作年とマイヤーによる書の出版年はほぼ同時期であり、当時の知識階級の間でこの逸話が好まれていたことがわかる。

マイヤーはドイツのレンツブルクで一五六八年に生まれ、医師となって名をあげて神聖ローマ帝国の宮廷があるプラハに招聘された。当時はハプスブルク家のルドルフ二世の治世であり、風変わりな寓意画や肖像画的静物画で知られる画家アルチンボルドをはじめ、マニエリスム文化を代表する芸術家や知識人が集まっていた。なかでもティコ・ブラーエとヨハネス・ケプラーなど第一線の天文学者や錬金術師たちと交流できたことは、マイヤーの錬金術的関心を大いに刺激したことだろう。

彼は『逃げるアタランタ』で成功をおさめ、『黄金の卓の象徴（Symbola aureae mensae）』などの書を次々に著し、騎士身分にまで上り詰めた。『逃げるアタランタ』と同じ一六一八年にフランクフルトで出した『黄金の三脚（Tripus Aureus）』には、一五世紀後半のイングランドの錬金術師で詩人のトマス・ノートンによる『錬金術規則書（The Ordinal of Alchemy、錬金術式目）』など、三書の錬金術先行文献のラテン語訳がおさめられている。

マイヤーの錬金術の基本的な構造やベースとなる考え方は、それまでの文献群に見られるものとほぼ同じで、そこかしこに先行文献から採られた説話や図像を見出すことができる。

同書には、五〇点のエンブレム（寓意図像）に、それぞれエピグラム（寸鉄詩）とフーガ（遁走曲）の楽譜が付き、さらに著者マイヤーによるディスコルシ（論議）という註解が付く。このように非常に贅沢で変わった構成をとるこの書は、一六一七年にヨハン・テオドール・ド・ブリーを発行人としてオッペンハイムで刊行され、その翌年にはマイヤーの肖像版画が足された第二版が出た。

掲載した例（図4－5－02）は一六五八年版の第二エンブレムの見開き例である。右ページの上からエンブレム番号と標題「大地が乳母である」、図版、ラテン語によるエピグラムが並び、左ページにはフーガの楽譜とエピグラムのドイツ語訳が載っている。そして次の見開きからディスコルシが続く。なおこの例のようにドイツ語訳はエピグラムにのみ付されていたが、一七〇八年には全編ドイツ語訳の版が出て、同書が一般に普及するのに役立った。

図4-5-02　『逃げるアタランタ』、エピグラムとフーガのページ例（1658年版）

繊細なクロスハッチングを多用した銅版画は、マテウス・メーリアン（父）による。スイス生まれのこの版画家は、フランクフルトにいてヨハン・テオドール・ド・ブリーの出版社の協力者となっていた。ドイツ各地の都市を俯瞰図で示した版画集『ドイツの都市図（Topographia Germaniae）』で知られ、当時の代表的な版画家のひとりとして高い評価を受けている。『逃げるアタランタ』でも、広がりのある風景、正確な遠近法による室内空間、生き生きとした動物や人物の表現、そしてなにより、摩訶不思議な同書の内容を一層魅力あるものとする想像力の豊かさがいかんなく発揮されている。

一六一七年版、一六一八年版ともに銅版画は白黒印刷だが、本書では、一六一八年版をもとに、最初の一一図版だけが着彩されている一六五八年版からの図版を掲載している。同書には扉絵の他に全部で五〇点のエンブレムがあるが、以下よりそのなかから特に見るべき一八点の図像を選んで見ていく。前述した通り、マイヤーによる作業工程自体はそれまでと大きく異なるものではなく、また一連の図版を順に見ていけば工程がわかるほど整然と並んでいるわけでもない。そのため特色あるエンブレムを選んだが、それらの多くが世にある錬金術解説書に頻繁に取り上げられる代表的な寓意図像となっている。

図4-5-03 『逃げるアタランタ』、1658年版、第１図
頭部や両手から風を吹き出しているのは風の擬人像であり、その胴体部には胎児の姿が透けて見える。これは第２章で見た、『エメラルド板』にあった「風がこれをその胎内で養う」という文の視覚表現である。

図4-5-04 『逃げるアタランタ』、1658年版、第２図
この奇妙な図像は、母なる大地テラが、子である硫黄に授乳している姿である。その相似形として、ロムルス（ローマの創建者）とレムスを育てる狼と、ユピテルに乳を与える山羊が描かれている。

図4-5-05　『逃げるアタランタ』、1658年版、第３図
「布を洗濯する婦人のようにせよ」との標題が付けられたこのエンブレムでは、実験に用いられる素材はすべて、使用されるにあたって（火や水などによって）浄化されなければならないことが示されている。

図4-5-06　『逃げるアタランタ』、1658年版、第４図
兄が妹を娶って、愛の霊薬が与えられる。近親相姦は、本来一緒にはならない一対が同じ血＝本性を有しているために惹かれ合い、結びつくことの象徴であり、錬金術では普遍的な図像のひとつである。マイヤーの註解によれば、兄は「火＝熱・乾＝胆汁質」、妹は「水＝冷・湿＝粘液質」であり、右に立つ第三の人物は調和をもたらす「塩」である。

図4-5-07　『逃げるアタランタ』、1658年版、第 8 図
画面左にある炎で鍛えられた火の剣で卵を打ち、殻に孔をあける。卵のなかでは男と女の種子が合一し、卵黄で子を生じ、卵白で質料を与える。つまり諸元素が合一し、質料に形相が与えられれば卵が生じるのだが、この卵は万物の根源である「宇宙卵」であり、同時にフラスコのなかで死から新たな小宇宙を生じさせる「哲学者の卵」でもある。

図4-5-08　『逃げるアタランタ』、1658年版、第 9 図
円形神殿風の建物のなかで、老人が果実を口にし、「老人は若返る」。これはエリクシールが若返りの薬として機能することと、フラスコ内で高められた蒸気から生じた露が素材に採り込まれることで、素材がより純化するプロセスという二重の意味を持っている。

図4-5-09 『逃げるアタランタ』、1658年版、第10図
「火には火、メルクリウスにはメルクリウスを」という古くから伝わる錬金術の金言を表したもの。同じもの同士は高め合うこともできれば、打ち消し合うこともできる。また、同じ質料でも形相が異なるケースや、その逆の組み合わせもあることを教えている。

図4-5-10 『逃げるアタランタ』、1658年版、第14図
自らの尾に喰らいつくウロボロスは、錬金術図像のなかでも最も知られたもののひとつである。輪廻転生にも通じるこの図像は、永遠と循環の象徴であり、また賢者の水銀が持つ完結性「一者に始まり、一者に終わる」を表す。

図4-5-11 『逃げるアタランタ』、1658年版、第16図
有翼の雌のライオンと、翼を持たない雄のライオンがいる。前者は飛翔して逃げる揮発を、後者は凝固を表す。それらはつがいなので、相互に力をおよぼそうとする。

図4-5-12 『逃げるアタランタ』、1658年版、第19図
4人のうちの誰かを殺せば、全員が死ぬ。彼らは左から火、空気（風）、水、土を手にしており、四大元素を表す。彼らは4人揃って初めてひとつの実体を成すが、しかしそれでもなお殺害すれば（ニグレド）、死者はいずれ復活して異なる段階へと移行する。

図4-5-13　『逃げるアタランタ』、1658年版、第21図
「男と女から円を作れ。そこから四角、ついで三角、さらに円を引き出せるなら賢者の石を得るだろう」。謎かけのようなこのことばは、それぞれ四大元素と、「肉体・魂・霊」から成る三位一体を得ることが、賢者の石（円）まで到達するための条件であることを指す。

図4-5-14　『逃げるアタランタ』、1658年版、第23図
描かれているのはギリシャ神話の一場面。全能のゼウスと思慮の女神メティスの子アテナ（ローマ神話のミネルヴァ）が自分を超越するほどの万能神となることを知ったゼウスが、自らの体のなかに閉じ込めていたアテナを、鍛冶の神へファイストス（ウルカヌス）が斧で助け出すところ。火によって高純度の水銀を得るプロセスを表す。

図4-5-15 『逃げるアタランタ』、1658年版、第28図
憂鬱質（黒胆汁質）の王が、蒸し風呂に入っている。蒸留器にかけることで素材から不純物を流し去り、高純度にするプロセスを表している。

図4-5-16 『逃げるアタランタ』、1658年版、第29図
激しく燃えさかる炎のなかに棲むサラマンダーは、火のなかで純度を高めつつ、正しいバランスへと近づいていく賢者の石（の素）を意味する。サラマンダーも、ウロボロスと並んで錬金術書に頻出する図像である。

図4-5-17　『逃げるアタランタ』、1658年版、第33図
本書でもすでに何度か登場した両性具有体（雌雄同体、ヘルマフロディトス、アンドロギュヌス）である。硫黄と水銀など、2種のものが結合・再結合・融解などによって一体化した状態を示すため、錬金術の作業工程を表すのに使い勝手のよい図像である（本書でも後章で再び扱う）。図版はニグレドの状態で加熱されている状況を表す。

図4-5-18　『逃げるアタランタ』、1658年版、第41図
面食いのヴィーナスが愛した美少年アドニスの神話が描かれている。恋愛よりも友人たちとの狩りに夢中なアドニスが、猪に突かれて命を落とした場面。駆け寄るヴィーナスは、薔薇の棘を踏んでしまい血で花びらを赤く染める。これが薔薇に白と赤があることの説明なのだが、ここではニグレド→アルベド→ルベド、というプロセスを端的に表している。

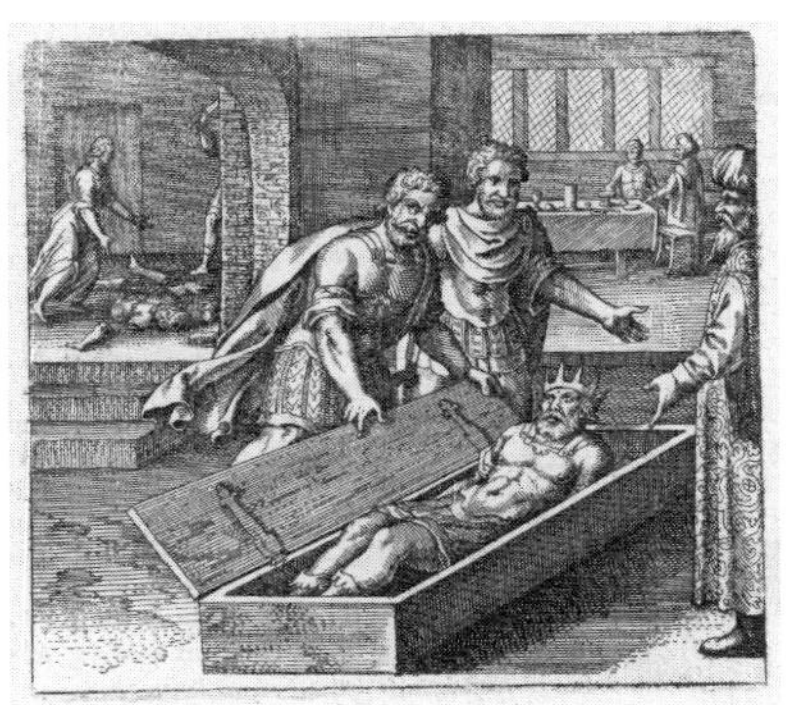

図4-5-19 『逃げるアタランタ』、1658年版、第44図
エジプト神話で、バラバラに殺害されたオシリス（もとは硫黄）の死骸を、妹で妻（もとは水銀）でもあるイシスが拾い集めるエピソードをもとにした図。破壊と分離、死と復活が表されており、さらにオシリスの死体がばらまかれたことでナイル川一帯が肥沃な地となったことを受け、再生した素材が純粋な硫黄と水銀との合一体に変じていることをも意味する。

図4-5-20 『逃げるアタランタ』、1658年版、第50図
『逃げるアタランタ』の最後のエンブレム。ドラゴン（哲学者の硫黄）が女（賢者の水銀）に絡みつく。地中に掘られた墓穴のようなところに横たわっていることでわかるように、両者は交わってともに血を流し、たがいを殺し合う。両者が完全に融解し、原型をとどめないことを示している。

第5章　ルネサンス錬金術とキリスト教

1　ルネサンスの到来

　十字軍に起因する貨幣経済の発展と、イスラム勢力に押されて沈みゆくビザンティン帝国から、あまたの学者や高位聖職者たちが西ヨーロッパへと逃れてきたことによって、ヨーロッパはルネサンス時代を迎えた。為替手形やもどし為替などの手法を考案して金融業を進化させたフィレンツェを中心に、シエナやルッカといったトスカーナ地方の都市国家においてルネサンスは産声をあげる。それらの都市では、領地からの年貢以外に現金収入の手段を持たないそれまでの封建領主に代わって、金融業や繊維業などで経済力をつけた主要ギルドが都市運営を担うようになる。

　その体制はそれまでの君主政的運営ではなく合議制による共和政的運営に拠ったが、しかしその見本となる先行例を知るには、はるか昔にまで遡る必要があった。なにしろ、共和政ローマが帝政に代わって以来、千年以上も西ヨーロッパは合議制による社会を知らなかった。そこで彼らは共和政ローマと、そこからさらに遡るギリシャの民主政ポリス社会に範を求めた。ルネサンス（再生／古典復興）が、古代ギリシャ・ローマ文化の復興を指すのはこうした経緯による。

すでに見たように、西ヨーロッパの人々はルネサンスによって、アラビア経由でかつての自分たちの諸学芸を再発見する。錬金術や天文学はそのような例のひとつだが、そうした流れとともに、古代ギリシャ・ローマの多神教文化も潮が満ちるように力を取り戻していった。中世の長い間、西ヨーロッパの精神世界は表向きキリスト教という一神教の支配下にあったが、かつての自分たちの宗教であるギリシャ・ローマ神話を忘れていたわけではなく、地下深くを静かに流れてはいた。古代文化の流入を受けて活発化した多神教文化とキリスト教の一神教文化は、いきおい激しくぶつかり合い、そして混じり合っていく。

ダンテとフラメル

ルネサンスの人文主義の代表的人物としてよく名の挙がるダンテ・アリギエーリは、こうした状況を示す好例である。彼の『神曲』は、周知の通りダンテが地獄、煉獄、天国をめぐるヴィジョンを詠んだ壮大な叙事詩である。その旅は古代ローマの桂冠詩人ウェルギリウスを同行者とし、ローマ神プルート（ギリシャ神話のハデス）が支配する冥府を訪れたり、ギリシャ神話の怪物ケルベロスが悪食の大罪を犯した死者を喰らっていたりと、そこかしこに多神教文化からの引用が散りばめられている。加えて、多層構造を持つ世界観・宇宙観は錬金術的でさえある。

しかし同時に、ダンテは厳格なモラリストとして、キリスト教的倫理観や信仰心に反した者を容赦なく罰する。この長編詩全体を通じてミューズの役割を果たすベアトリーチェからして、確かにダンテが幼い頃に見かけた実在の女性ではあるが、神曲世界のなかでは神の愛と救済、栄光と永遠性の化身にほかならない。

かような人物であるダンテが、錬金術師を『神曲』のなかで地獄の深層へと叩き落としているのも不思議ではない。それはアラビアからもたらされた異教的で妖しげな文化だからという理由以上に、金ではないものを金に変えるという目的自体が、万物の創造主によって創り出された自然物のひとつを、おこがましくも人間が創造しようとする不遜極まりない反キリスト教的行為にほかならないからだ。同様のことは、ダンテと並ぶルネサンス人文主義の牽引者であるフランチェスコ・ペトラルカにも見ることができる。

教皇ヨハネス二二世が出した禁令と、教会による錬金術の一連の弾圧については第三章の四節ですでに述べたが、実際に追放されたり、処刑されたりした錬金術師も相当な数にのぼったと考えられている。『神曲』のなかでも、錬金術をおこなったかどで一二九三年にシエナで処刑されたカポッキオなる実在の人名が登場する。妖しげな錬金術師の伝説とその摩訶不思議なエピソードは、錬金術を化学というよりも魔術の一種とするイメージの広がりと表裏一体だ。

ルネサンス真っ只なかのフランスにおける、錬金術師ニコラ・フラメルの伝説などはその典型である。彼はおそらく一三三〇年頃に生まれた実在の人物をモデルとすると思われるが、伝えられるその生涯は神話的だ。彼はユダヤ的寓意に満ちた一冊の錬金術書を手に入れ、その秘密を解き明かすために、イベリア半島北西端の巡礼地サンチャゴ・デ・コンポステーラへと旅に出る。そしてスペインでカバラ主義（ユダヤ教の神秘主義）を奉ずる者に教えを乞い、書物の秘密を伝えられる。彼はそれから何年も実験を繰り返し、そしてついに金と銀の変成に成功したと伝えられる。

賢者の石を手にしたとされる数少ない人物の仲間入りを果たしたフラメルは高い人気を誇り、それだけ妖しげな逸話も増えていった。とりわけ不老不死の術に成功したとの奇跡譚は、その後も数世紀にわたって根強く伝えられた。一例として、フラメルは一四一七年に世を去り、妻ペルネルはそれより早く一三九七年に亡くなっていたとされるが、ふたり揃ってパリのオペラ座で観劇しているところを、「一七六一年に」目撃したとの証言などがある。また当然のように彼の名を冠した錬金術書もいくつか存在するが、今日ではすべて後世の偽書であることがわかっている。いきおい、彼の実在自体を疑問視する見方も少なくない。

イギリスにて

ジョージ・リプリーは一四一五年頃にイギリスのリーズ近郊で生まれ、アウグスティヌス修道会士となったが、フランスとイタリアで錬金術を学び、さらに対イスラム勢力の最前線の地であるロードス島で、本場アラビアの錬金術に直接触れる機会を得た。彼は幻視を見て、それをヒントに金の精製に成功したとされる。一四七〇年頃に著した『錬金術要覧（The Compound of Alchymie）』は当時のイングランド王に捧げられ、一五九一年には印刷刊行されて広く読まれるようになった。

しかし、例によって同書は神秘主義的な寓意に満ちており、読解を試みた者たちを悩ませてきた。彼の幻視体験には数々の色が登場し、とりわけ赤いカエルが見せる変化は前章で見たような作業工程の各段階を示唆するものと考えられてきた。最初赤かったカエルは体液を流しながら膨張し、死んで黒く腐り始める。リプリーは幻視のなかでカエルを炎に投じるのだが、カエルの死骸は孔だらけになり、白く変化していく、などである。容易におわかりだと思うが、読解者はここにニグレドやアルベドの暗示を見出すのだ。

イギリスが生んだ錬金術師として、ニュートンと並んで最も有名なのがジョン・ディーである。リプリーや先述したノートンらの次の世紀の人物で、一五二七年にロンドンで生まれ、ケンブリッジ大学で文学を学んだ。数学や地理学から、カバラ数秘術やヘルメス学までその知識は広範囲にわたり、ギリシャ語や諸学を教えながら各地を転々とし、各国の名士や宮廷に招かれた。前章で触れた、プラハのルドルフ二世の宮廷に集った知識人のひとりでもある。

ただし母国イギリスでは、王族から寵愛を受けもしたが収監されたこともあった。陰謀の絶えないイングランド王家のこと、エリザベス一世女王の暗殺の陰謀が露見した際、魔術にも詳しいディーが協力者のひとりとして疑われたためだ。しかし釈放後も女王自身のディーへの信頼は篤く、政治的判断をおこなう際にたびたびディーの占いを参考にしたと伝えられている。

こうしたディーの実際の活躍にもかかわらず、今日ではディーの名は妖しげな錬金術師・魔術師のイメージと結びついている。それは彼が晩年「降霊術」に凝り出したことに主な原因がある。彼は一五八二年頃に当時まだ二〇代だったエドワード・ケリーと出会う。タルボットというあだ名でも知られるケリーには、詐欺や贋金造りの嫌疑で晒し刑にかけられた過去があったが、ディーとはうまがあったのか、ふたりはケリーを霊媒とする降霊術を盛んにおこなうようになる。ケリーを介して大天使と交信するその術は、刺激的な見世物として各国の貴族たちの間で評判となるが、カトリック教会からは異端の疑いをかけられ、ケリーは結局一五九五年に投獄されて死亡する。ディーはイギリスに戻り、再び女王の寵愛を受けるが、一六〇三年に女王が世を去ると事態は一変。王位を継いだジェームズ一世に疎んじられて、最期は貧困のうちに世を去った。

ディーとケリーは、錬金術と魔術がほぼ同一視されたケースの好例である。彼らによる降霊術は実際に成功をおさめたものとその後も長く信じられていた。一八世紀の作家で医師、占星術師でもあったエベネーザ・シブリーによる原画をもとに、彫版師ジョン・エイムズが版画にした図版によって信憑性が増したのかもしれない（図5－01）。これは一七八四年に出たシブリーによる『完全な新図版による、占星術の天体科学（A New and complete illustration of the Celestial science of Astrology）』が、彼の死後の一八〇六年に再版された際に付された図版である。画面左の地面には、降霊術をおこなうにあたって悪霊から身を護るための魔法陣が引かれており、そのなかにケリー（左）とディー（右）がいる。この図版は同書が版を改めるたびに異なる版が彫られたため、いくつかのヴァージョンが知られている。

図5-01 《ディーとケリーの降霊術》（エベネーザ・シブリー著『完全な新図版による、占星術の天体科学』挿図。1806年）

ちなみに、ヨハン・ヴォルフガング・フォン・ゲーテによる名高い戯曲『ファウスト』（第一部／一八〇八年、第二部／一八三二年）は、悪魔メフィストフェレスと契約した錬金術師ファウストの物語だが、この主人公にはモデルとなる人物がいる。それは一五世紀後半にドイツで活動したとされるヨハン・ゲオルク・ファウスト（ファウス

The Tragicall Histoy of
the Life and Death
of Doctor Faustus.

With new Additions.

Written by Ch. Mar.

図5-02　《メフィストフェレスを召喚するフォースタス博士》（クリストファー・マーロウ著『フォースタス博士』挿図。1620年版）

図5-03　《書斎の錬金術師》（レンブラント・ファン・レイン画、1652年頃、ニューヨーク、メトロポリタン美術館）

トゥス）なる錬金術師で、実験中に誤って起きた薬剤の爆発で五体バラバラになって死んだとされる。もとよりその実在からして疑問視されているが、彼の亡くなりかたがファウスト伝説を生むもととなった。早くから人形劇や大衆向けの物語本が作られ、それをもとに一五八八年頃、イングランドの劇作家クリストファー・マーロウが『フォースタス博士（The tragicall history of the life and death of Doctor Faustus、フォースタス博士の生涯と死の悲劇の物語）』を書き（図5－02）、後のゲーテやトーマス・マンらにとっての着想源となった。

なお、ファウストを描いたイメージとして最も有名なのはレンブラントによる版画（図5－03）だが、実際にはマーロウの物語のどの場面とも一致しないため、ファウストを主題としたものである可能性は非常に低い。ともあれ、この版画は書斎のなかで年老いた学者がなんらかのヴィジョンを見ているシーンであり、画面左端に描かれる頭蓋骨の存在や、空中に出現した図形が魔法陣的な円形であることから、一見するとディーやケリー、ファウスト的な降霊術の場面のように思われるのだろう。しかし、円の中心に現れた文字は「INRI」、すなわちイエスが磔刑にかけられた際に処刑人たちが揶揄して付けた札「ユダヤの王、ナザレのイエス」の頭文字にほかならない。つまり、ここに描かれているのはキリストの復活のようなキリスト教神秘主義的な主題と見るのが正しい。

ともあれ、ファウストもメフィストフェレスを喚び出す点などから、ディーと同様に魔術師的錬金術師と言える。もともとはまったく異なる分野だったふたつの学問が、いつの間にやら重ねて見られるようになったことがわかるが、物語としての文学的魅力が増す一方で、錬金術の学術的信頼性は失われていくことになる。

図5-04 《回春炉（婦人用）》（作者不詳、1535-40年頃、ゴータ、市立美術館）

2　回春のわざ

一五三五〜四〇年頃にドイツで制作された一枚の版画がある（図5－04）。画面の左奥にある巨大なアタノール（錬金炉）では、ゴウゴウと音を立てて炎が激しく燃えさかる。そのなかへ、ひとりの男が老婆を放り込もうとしている。そして炉の下方に開いた口からは、若返った裸体の女たちが這い出てきている。

その手前に描かれているのは、老妻を若くしてもらった夫が錬金術師に代金を払うところだ。そして画面右端からはまたひとり、老婆を背負った男がやってくる。

これはドサまわりの錬金術師たちが、各地で催していた「回春術」と呼ばれる一種の見世物である。つまりは若返りの魔法なのだが、宮廷付きではなく地方をまわってショーを見せては生計を立てていた錬金術師たちがいたことがわかる。なかには、詐欺的な手法で客に施術して、若返った気にさせていた輩もいたことだろう。このような子どもだましのショーにだまされる人などいるのかと思われるかもしれないが、実際にこの見世物は各地で人気があったようで、ご丁寧にもこれと対を成す「殿方用」の回春術を描いた版画も存在する。これらの版画は、トリスモシンやフラメルの長寿伝説が示すように、錬金術が人間に応用されれば若返るという概念が、富裕層や知識層だけでなく当時の一般大衆の間でも広く知られていたことを教えてくれる。

興味深いもうひとつの点は、この術が「テッサリア」伝来とされていたことだ。テッサリアとは今日のギリシャの東中央部にあたる地域名で、マケドニアの南、エーゲ海に面した穀倉地帯である。つまりは錬金術と、それによる不老不死（若返り）の思想の起源が東方にあることも、それなりによく知られていたことを示している。

錬金術は言うまでもなく金を得るための術である。しかし、その目的が金への変成術にとどまらないことも、本書ですでに見てきた通りである。その目的は、究極的には錬金術師自身を、そして施術される人を高次のレベルに引き上げることにある。その結果として得られるのは、「死の運命から免れる」ことだと要約できる。これには物理的に死ぬことなく肉体を保ったまま生き続ける物理的生存を指すのか、あるいは肉体が失われた後も魂だけが霊的に生き続ける精神的生存を指すのか、というふたつのケースがある。いずれにせよ、寿命の有無こそが人間と神を分かつものという原則から考えれば、永遠の生を得ることは神に近づくことである。それこそ、キリスト教の信徒にとって究極的には、天国において神の隣で永遠の栄光に浴することを意味する。

この究極の目的があったからこそ、何度も迫害を受けながらも、数多くの学者や知識人が探求を続け、それを多くの王や皇帝たちが支援したのだ。かつてのキリスト教徒たちにとって、死後の天国への通行証以上に欲された願望などなかったのだから。まさに、キリスト教文明圏、言い換えれば西洋文明のほぼすべての地域と時代において、目に見える成功例などついぞなかったにもかかわらず、なぜ錬金術がこれほどの体系を成し、存続し得たかを理解するための鍵がこの「人間の金化」、すなわち「錬金術による人間の完全性の獲得」にある。よって以下より、この点を詳しく探っていく。

完全体としてのアンドロギュヌス

錬金術を支える思想を今いちど振り返ると、金ではない金属を金に変えることができるのは、それらがもとは同じ質料によって組成されているとの考えがあることによる。金以外の金属も、単純化すれば、同じ第一質料から生じた四大元素のバランスと、さまざまな本性の作用によって諸金属の形相をとっているにすぎない。金はそれらが高純度でかつ正しいバランスにある状態にある。言い換えれば、もともとはこうした完全な状態にあった金が不純な状態で分離したものが現在の諸々の金属にほかならない。錬金術とはまさに、それら諸金属をもとの「完全で単一な状態」たる金へと戻す作業を意味している。そこへ、両性具有体たるプラトン的な「アンドロギュヌス」の思想が結びつく。

人間の性には三種あった、すなわち現在のごとくただ男女の両性だけではなく、さらに第三のものが、両者の結合せるものが、在ったのである。（中略）かくて彼らは恐ろしき力と強さとを持ち、その気位の高さもまた非常なものがあった。彼らは神々に挑戦するに至ったのである。（中略）ゼウスは人間を真二つに切った――。（久保勉訳）

プラトンが『饗宴』でこのように語るアンドロギュヌスは、男女の両性具有体であり、神に挑もうとするほどの「完全体」だった。その傲慢さがゼウスの怒りに触れ、アンドロギュヌスは男と女に二分されてしまう。だから男女はおたがいもう一方の性を求めるのだ、という説明を耳にしたことのある方もおられるだろう。

彼らアンドロギュヌス体を「原初の人間（＝完全なる状態）」とする観点からすれば、もともと完全なる金が劣化分裂して現在の諸金属となり、それらを「原初の状態（＝金）」へと還元しようとする錬金術と、いかにも構造を共有するように見えたに違いない。そこで人々は、分裂して劣化した現在の状態の人間をも、錬金術的作業によってもとの「完全なる状態の人間（＝アンドロギュヌス体）」へと戻すことができると考えたのである。当然ながら、完全体に戻った人間は超人的かつ不老不死であるはずで、だからこそ当時の成功者たる王族や貴族、大商人のなかに、進んでこの探究に援助を申し出る者がいたのである。

このため、ただでさえ直接的記述を避けてシンボルを多用したがる錬金術の手引書のたぐいは、アンドロギュヌス的図像であふれかえることになった。『哲学者たちの薔薇園』における例（図４－１－10など）で見たように、錬金術書のなかではアンドロギュヌス体は硫黄と水銀が融合した姿を主として表している。『立ち昇る曙光』のチューリヒ本で描かれるアンドロギュヌス体（図５－05）は、腰から上が分離し、三本の足を持つ珍しい姿をしている。背後に大きなカラスがいるが、足もとにもおびただしい数のカラスの死骸が積み重なっている。これらはニグレドの状態で、水銀と硫黄の混合物から気化と凝固が同時に進行していることを表している。

また、トリスモシンの『太陽の光彩』の例（図４－２－09）で見たアンドロギュヌス体は、片手に四大元素を象徴する卵を持ち、もう一方の手に第一質料の象徴である凸面鏡を抱えていた。鏡は同時に、天地創造の図像でしばしば描かれるような多層の円を成しており、つまりは四大元素が融合して均衡状態にある完全性が創り出されたことを意味する。両性具有体が有翼であるのは、ここでは実験過程における「気体」の状態を示すというよりも、それ自体が完全体として「霊的な存在」であることをも暗示する。換言すれば、ここに立つアンドロギュヌス体は完全体の状態を取り戻し、不老不死の能力をも手にしているのだろう。

図5-05 《アンドロギュヌス》（『立ち昇る曙光』より、15世紀、チューリヒ中央図書館）

『太陽の光彩』での同図版の説明文にある、女は合体（融合）によって、男を「最も輝かしい透明さへと高め、天へと運び上げた」という難解な記述は、両性具有体となる目的が、錬金術を営む者自らをして、霊的な世界に解脱させること、すなわち後述する「天使的知性」たらしめることを意味していると思われる。「天使的知性」はやや難解な概念だが、錬金術とグノーシス主義的思想とを結びつけ、さらにはそれらをルネサンス・ネオ・プラトニズムと関連付ける重要な要素でもあるため、次節以降でさらに見ていくこととする。

グノーシス主義

グノーシス主義は、キリスト教世界において長く異端とされて排斥され、少なくとも表面的には同傾向を帯びた思想活動の存続は困難だった。そのため実態を把握しにくく、おまけに教父エイレナイオスらによるグノーシス主義への反駁書によれば七〇以上もの数の諸派に分かれており、そのなかには非常に難解な独自の神話体系を創り出した派もあった。

よく誤解されているように、キリスト教がまず発生し、その後に異端たるグノーシス主義が分派したのではない。もともとグノーシス主義的思想があり、キリスト教が形成される過程で、グノーシス的な解釈をそこに加えた派が並行して発生したとするのが正しい。キリスト教の正統教義が規定されていく過程で、グノーシス的な色彩を帯びた教義は異端として排除されていったが、享楽的な性の祭典といった妖しげなイメージの大部分は、彼らを異端として攻撃する際に恣意的に付け加えられたもので、ほとんどのグノーシス主義者は逆に禁欲的な傾向を持っていた。

ペルシャとバビロニアを起源とするこの思想の最も大きな特色は、あらゆる物質世界を悪とみなし、精神世界のみを善とする特殊な善悪二元論に立っている点にある。しかし、いわゆる善神と悪神の戦いという構造を基本とするゾロアスター教（拝火教）的な二元論とは異なり、多分にギリシャ哲学によるフィルターにかけられた形をとる。第二章の二節で見たように、プラトンのイデア論は現実の物質世界を「イデアの影」とみなす。このギリシャ神秘主義的な霊と肉体との対立構図を受け、グノーシス主義では神の意思と他のあらゆる存在との対立となった。正統キリスト教では宇宙は神によって創造されたがゆえに基本的に肯定的存在なのだが、グノーシス主義では悪たる物質世界を神が創造するわけはなく、いわば「低級な神」たるデミウルゴス（＝創る者）が世界を創造したとされた。この神には、旧約聖書で理不尽にも思える掟や激烈な罰をやたらに下す父なる神（ヤハウェ）があてはめられることも多い。

こうしたグノーシス主義の思想のうち、正統キリスト教側にとって最も受け容れがたいと感じられた点は、キリストの扱いに関するものである。グノーシス主義においては、あらゆる物質的存在は悪いものとみなされるが、そこでは人間の肉体はもちろん、たとえイエスの体であってもひとつの物質にすぎない。では現世におけるイエスの活動をどう評価するかが大きな問題となるが、彼らは「仮現説（ドケティズム）」という独自の解釈をそこに持ち込んだ。人々が地上で見たイエスは一種のホログラム的イメージにすぎず、本来その場に肉体という物質的実体を伴ってイエスが存在しているわけではないというものである。神的意思は悪たる肉体など必要としないはずだ、というのがその理由である。

しかし仮現説によれば、当然ながら磔刑も復活も実体を伴わない幻ということになる。その観点に立てば、キリストの受難と、信者の殉教の価値は当然ながら低下する。そのためこの思想は強い反発を引き起こし、グノーシス主義的傾向を帯びる諸派は公会議で次々と異端とされていく。それらは皆排斥の対象となるが、しかしその後も長く影響をおよぼし続け、時おり形を変えて表面的にも姿を現した。たとえば、ヨーロッパの歴史でたびたび顔を出すカタリ派とその類似思想派などには明らかなグノーシス主義の影響がある。

もともと「グノーシス」はギリシャ語で知識あるいは認識を意味する語であり、信奉する者にとってグノーシス主義とは、この肉体世界から善なる精神世界へと解脱するための「知」こそが追求の対象となることを表す。彼らが重んじた「知」とはしかし、書物で学べるようなものではなく、より個人的で霊的なものである。よっていくつかの例外を除き、指導書のたぐいは多くなく、しかも大部分が禁書扱いとなったため、キリスト教世界に生きるほとんどの人々は、むしろグノーシス主義を糾弾する文書によってその性質を理解していたほどである。

ネオ・プラトニズムとマルシリオ・フィチーノ

誤解がないように記しておくと、「ネオ・プラトニズム（新プラトン主義）」とは、狭義には三世紀にプラトンの思想を取り上げた思索家たちの理論を意味し、広義には、彼らを含む、その後のすべてのプラトン哲学に関する思索を指す。一方、「ルネサンス・ネオ・プラトニズム」とは、ルネサンス期におけるネオ・プラトニズムのみを指し、狭義には、そのうち特にフィレンツェのメディチ家主導による哲学サークルにおける活動のみを指すことが多い。

さて、すでに述べたように、古典復興たるルネサンスでは当然ながら再評価されるべき対象は多神教に基づいた文化であり、それらをキリスト教世界に持ち込むためには、必然的に多神教の要素を一神教の文脈に取り込む作業が必要となる。実質的には、多神教であろうと超越的な主神は常に存在し、また一神教であろうと、早くから唯一神以外に聖母や諸聖人らをも崇敬対象とする傾向が顕著であるため、両世界における日常的な信仰形態の構造に決定的な違いはない。しかし、あくまでも表向きには、両文化を矛盾なく同一の文脈で説明する必要があったことは言をまたない。

メディチ家お抱えの思想家マルシリオ・フィチーノは、ネオ・プラトニズムの再解釈と導入に腐心した人物である。前述した理由のせいで、彼らルネサンス期の知識人にとって、思索のうえで扱う対象が多神教文化の産物であることは、当然ながら克服すべき障壁のひとつとなっていた。その研究の対象となったのはプラトンら古代ギリシャと古代ローマの思索家たちであり、また彼らを再解釈しようとした三世紀のネオ・プラトニズムの思索家たちであった。

三世紀のネオ・プラトニズムの中心人物たるプロティノスは、大胆にプラトン哲学を体系化している。単純化して言えば、プラトンは現実の物質的世界に完全なるものはなく、完全なる真善美は精神的・霊的なイデア界にのみ存在するとしていた。一方、プロティノスは、あらゆるものに超越する「一者」の存在を考え、そこからすべてが発し、「一者」自体と「ヌース（叡智）」、「魂」とが、プラトンのイデア界にあたる〝知性界〟を構成すると考えた。

この考えは福音となった。彼ら三世紀の思想家たちは、当然ながらまだキリスト教の教義との整合性を気にすることはおろか、ほとんどそれとは無関係に理論を構築することができた。しかしこの「一者」の思想は、多神教文化をキリスト教の文脈に置き換える命題に苦心していたルネサンス期の思想家たちにとって、それらを矛盾なく接合させる鍵となったのである。ごく簡潔に言えば、ネオ・プラトニズムの思索家たちが言うところの、すべてを超越する「一者」に、一神教との融合の可能性を見出したのである。

こうした考えをもとに、フィチーノは『「ピレボス」注解—人間の最高善について』のなかで、「プラトン主義者たちが導入したイデアはキリスト教神学に反対するものでも、アリストテレス主義者たちの見解に対立するものでもない」（左近司祥子・木村茂訳）と語る。彼は、まさにポール・O・クリステラーが言う通り、「真の宗教すなわちキリスト教と、真の哲学すなわちプラトン主義とは、たがいに根本的に調和していると確信していた」のである。フィチーノはただ、プロティノスの理論をキリスト教の文脈に置き換えるだけでよかった。すなわち、先の三要素を、「一者＝神」「ヌース＝天使的知性」「魂＝霊魂」とみなしたのである。この図式はキリスト教における「神＝キリスト」「天使」「聖霊」の三者に対応したわけだが、容易にわかるように、この図式はそのまま、「父なる神」「キリスト」「聖霊」の三位一体とも重ね合わされる可能性を帯びていた。

さらに、フィチーノに続いてメディチ家主導のプラトン・サークルの中心人物となったピコ・デッラ・ミランドラは、「一者」から発したものが、なぜさまざまなものに分かれていったかについて説明している。たとえば彼は『人間の尊厳について』のなかで、天使のことを「いと高き霊たち」と呼び、万物の創造の「はじめから、あるいはその直後に、永久永遠に彼らがそうなるところのものにな」ったとし、さらに天使たちは「霊的な英知（spiritalis intelligentia）」によって創られたと述べる（大出哲・阿部包・伊藤博明訳、以下同）。つまり、「父なる神」たる「一者」があらゆるものを芽生えさせた時、知性的に育まれた結果が天使となるものであって、異なる育み方をされれば別のものに——たとえば感覚的に育まれたものなら獣に——なると説明している。

この記述であれば、天使だろうが動物だろうが、あらゆるものが旧約世界の神によって創られたとする前提からも外れることはない。さらにピコは、先の記述に続けて、父なる神はすべてのものを芽生えさせるが、もしそれら被造物になることに甘んじず、自らの「一性（unitas）」に引きこもるならば、神との合一が達成されて万物の上に立つとも述べている。この記述は難解ではあるが、万物の唯一の生み手であり、かつ同時にそれらを内包する全体でもある点で、まさにプロティノスが説くところの「一者」の考えそのものであり、また同時に、「神との合一」という点で、聖三位一体の教義とも矛盾しない工夫がなされているのだ。

ヘルメス文書とヌースとしての両性具有体

アンドレ・シャステルも述べている通り、「フィチーノに自覚を与えたのは、プラトンではなくてアレクサンドリアのヘルメス主義の発見だったとさえ言える」ほど、ルネサンス・ネオ・プラトニズムには錬金術的知識が導入されている。フィチーノは「ヘルメス文書」の翻訳を一四六四年に完了し、一四七一年に『ピマンデル』として出版したが、その序文においてメルクリウス（ヘルメス）・トリスメギストゥスを〝古代最高の知性〟とみなしたことはよく知られている。フィチーノは「ヘルメス文書」のみならず、「ゾロアスター文書」や「オルフェウス文書」といった、紀元一世紀から三世紀にかけて書かれた、古代の伝説的な人物や神を著者に模した偽書群を、「古代神学」と呼んで精力的に研究している。

「ヘルメス文書」によれば、「万物の中で真に第一に位し、永遠にして、生れなく、一切のデミウルゴスたる者が神である。第二に位するのが、神によりその像に似せて生み出され、神によって連鎖され、養われ、永遠なる父によるがゆえに不死とされ、不死なるがゆえに常に生きるものである」（荒井献・柴田有訳、以下同）。これは、創造神と、彼によって創り出された世界についての定義にほかならない。「デミウルゴス」とは、先に見た通り、旧約世界における万物の創造主のグノーシス主義的解釈である。

そして同じく「ヘルメス文書」における、「第三の生き物である人間は、世界(コスモス)の像に似せて生み出され、他の地上の生き物と異なり、父の意志に従って、叡智(ヌース)を有する者である。そこで人間は、第二の神に対して親和しているのみならず、第一の神の観念(エンノイア)をも有」(同前)するという記述からは、ウィトルウィウス的なマクロコスモス(世界)とミクロコスモス(人間)の対比との近似がうかがえる。レオナルド・ダ・ヴィンチによる《ウィトルウィウス的人体均衡図》(図6-14)はよく知られているが、古代ローマの建築家ウィトルウィウスによるこの考えは、人間と宇宙の構造に相似関係を見出し、万物を貫く「比」が存在するというものである。この思想はキリスト教世界に入っても支持される。なぜなら、両者とも万物の創造主たる神の被造物なので、それらが統一的な意思に基づく比例関係を有していてもなんら不思議はないからである。

前述の引用部分からは、錬金術の思想では人間のうちにもヌースの存在を認めていることがわかる。よって人間が神聖なる世界と親和性を持つとする考えは、後述するような、錬金術の〝究極目的としての「天使化」の思想〟、つまりは「人間の、完全体への昇華」という理想にも通じるものだ。このことを補強するかのように、「ヘルメス文書」はさらに驚くべき一文を載せている。

> 神なるヌースは男女(おめ)であり、命にして光であるが、ロゴスによって造物主(デーミウールゴス)なるもう一人のヌースを生み出した。(同前)

この文ひとつとっても、「ヘルメス文書」ではヌースが広義の用語であることがわかる。ヌースは「命」、そして「光」であり、ヌースの内からデミウルゴスさえ生み出す。デミウルゴスもヌースのひとつであり、その一部である。彼が物質的な万物の創造を担う。注目すべきは、このような精神世界における至高の知性たるヌースが「男女」、すなわち両性具有体だとされている点である。先に見たように、フィチーノらにとって、ヌースはすなわち天使的知性に等しい。繰り返せば、天使には物質的な実体がない。しかし、そのヴィジョンとしての霊的な姿としては、男女の性別がない両性具有体となる。

錬金術における「両性具有体への合一」が、自己を高める一種の求道者的な鍛錬となっていたことを思えば、両性具有への模索は、すなわち人間の、完全体たる天使的知性への昇華にほかならないことになる。こうしてルネサンス・ネオ・プラトニズムが参照した「ヘルメス文書」などの文献の研究により、フィチーノらは、両性具有体への回帰が、すなわち人間の原初的な完全体の回復であり、霊的な世界への解脱であるとする考えを得たのである。

3　両性具有の王

《フランソワ一世の神話的肖像画》(図5－06)は、いわゆる君主称揚画の一例である。画面中央に立つフランス王フランソワ一世は、左手にカドゥケウスの杖を抱え、右手で剣を握っている。赤い色をした古代風の衣装を身にまとい、頭には、これも古代風の兜をかぶっている。カドゥケウスの杖、足もとのサンダルに付いている小さな翼は、ヘルメス＝メルクリウス神のアトリビュートであ

図5-06 《フランソワ一世の神話的肖像画》（ニッコロ・デッラバーテ、あるいはその工房画、1552-72年、パリ、フランス国立図書館）

り、ここで王が神話の神に擬せられていることが容易に理解される。同様に、王の胸部にはメドゥーサの頭が付いている。これは、兜とともにアテナ＝ミネルヴァ神のアトリビュートである。さらに右腰に見える角笛は、一般的にはアルテミス＝ディアーナのアトリビュートであり、そこから、王が左腰に立てかけている弓も、狩猟の女神たるアルテミス＝ディアーナか、もしくはクピド＝アモールに帰属させるべきだろう。また右手に握られた剣は、軍神アレス＝マルスを示すものとしてよいだろう。

本作品の帰属には、「アンリ二世の時祷書の画家」による一五四五年頃の作とするなど諸説ある。そのなかの有力なひとりがニッコロ・デッラバーテである。彼はフォンテーヌブロー宮に招聘されたイタリア人芸術家のひとりであり、後述する「第一フォンテーヌブロー派」のほぼ最後方に位置する。彼の生没年には諸説あるが、一五〇九年頃にモデナに生まれ、先にフォンテーヌブロー宮で指導的役割を果たしていたイタリア人芸術家フランチェスコ・プリマティッチオとともに、一五五二年から一五七一年に没するまでフォンテーヌブローで装飾の任にあたった。

ニッコロがフランスに招聘された時、フランソワ一世はすでにこの世におらず、子のアンリ二世の治世になっていた。よってこの作品は、新王から前王たる父へ贈られた、功績をたたえる称揚目的の作品であると思われる。このような神話的肖像画は、アーニョロ・ブロンツィーノによる名高い《ネプトゥヌスに扮したアンドレア・ドーリア》（一五四〇〜四五年頃、ミラノ、ブレラ絵画館）をはじめ、マニエリスム期の君主称揚画として一般的なものである。女性で政治の表舞台に立っていた人物に対しては、アテナ＝ミネルヴァに擬することが多い。これは、権力者の愛人のように、美貌を主にもてはやされた女性がアフロディーテ＝ウェヌスに擬せられて描かれたこととよい対照を成している。これは当然ながら、為政者の立場にあった女性たちが、美貌ももちろんだが、むしろその政治的手腕や頭脳をこそ称賛されていたためである。

図5-07 《ミネルヴァとしてのアンヌ・ドートリッシュ》（シモン・ヴーエ画、1643年以降、サンクトペテルブルク、エルミタージュ美術館）

時代は下るが、シモン・ヴーエの《ミネルヴァとしてのアンヌ・ドートリッシュ》はそのような君主称揚画の典型である（図5－07）。古代風のテラス状の建築物に座すアンヌは、プットーたちが掲げる花房（ギルランダ）の下で、右手に笏を握り、頭に月桂冠を戴いている。こちらを堂々と見据えたアンヌのみぞおちのあたりにはメドゥーサの叫ぶ顔があり、足もとに置かれた鎧兜とともに、彼女にミネルヴァとしての属性を与えている。為政者としての能力をである。

誇示するかのようなこの作品は、不仲だった夫ルイ一三世の死後、わが子ルイ一四世の摂政となったことを背景に注文されたものであり、そこから制作年代までが、前王の死後として特定されるのである。

フォンテーヌブロー派の芸術思想

さて、ニッコロ・デッラバーテによる神話的肖像画では、フランソワ一世は前述したような複数の神々に擬せられているのだが、ここで重要なのは、男性たるフランソワ一世が、ヘルメス、アレスという男神だけでなく、アテナとアルテミスという女神にも重ね合わされている点である。ヴーエの作品のように、女性モデルは女神に擬せられるのが当然である。しかし、フランソワ一世の称揚画では、王が男女神の複合体、つまりは「両性具有体」として描かれているのだ。謎めいた不思議な図像ではあるが、ここで王が両性具有体として完全性を獲得していること、そして超人的な能力とともに〝不滅の存在〟となったものとして描かれていることはもはや明らかである。

サンフォリアン・シャンピエら、フランスにフィチーノの思想を持ち込んだ思想家については、これまでもしばしば言及されてきた。しかしフォンテーヌブロー派の思想の形成には、そうした思想家たちのみならず、より大勢招聘されていたイタリア人芸術家たちの存在も大きかったはずだ。フランソワ一世の宮廷には、レオナルド・ダ・ヴィンチをはじめ、建築家セルリウス（セバスティアーノ・セルリオ）や画家ロッソ・フィオレンティーノ、工芸家ベンヴェヌート・チェッリーニら、イタリアから名だたる芸術家たちが招聘された。フォンテーヌブロー宮の装飾と当地における美術品制作のために集められた彼らのことを俗に「第一フォンテーヌブロー派」と呼び、後にアンリ二世とカトリーヌ摂政時代に、フォンテーヌブロー宮の増改築と追加装飾がおこなわれた時期の「第二フォンテーヌブロー派」と区別する。前者がほとんどイタリア人芸術家によって占められていたのに対し、後者はその影響下で育ったフランス人芸術家によって構成されている。

主としてフィレンツェから招かれた芸術家たちは、ほとんどがメディチ家主導の文化サークルでルネサンス・ネオ・プラトニズムの薫陶を受けている。一四六二年にコジモ・デ・メディチ（イル・ヴェッキオ）によって設立されたアカデミアでは、プラトンの著作が、一四六八年にフィチーノによって完訳され、クリストフォロ・ランディーノやアンジェロ・ポリツィアーノ、ジローラモ・ベンヴィエニやピコといった思想家が、フィレンツェの富裕商人たちと日々議論を戦わせ、ロレンツォ・デ・メディチ（イル・マニフィコ）のように、自ら主要なメンバーとなる為政者も出た。

レオナルドの師であったアンドレア・デル・ヴェロッキオはメディチ家お抱えの芸術家であり、サンドロ・ボッティチェッリがそうであったように、難解な主題の受注をこなすためにも自らサークルに出ていたものと思われる。弟子のレオナルドがまったく無関心でいたとは考えられず、事実、彼の肖像画のモデルも務めたジネヴラ・デ・ベンチ（ワシントンのナショナル・ギャラリーにレオナルドによる肖像画が残る）は、メディチ家の番頭を務めたベンチ家の娘であり、父とともにサークルのメンバーでもあったと考えられている。加えて、フィチーノの支持者のひとりであったベルナルド・ルチェッライが、レオナルドとも関係があった事実も指摘しておきたい。

もちろん、フランス王家とメディチ家との直接的な関係も無視すべきではない。フランソワ一世は一五一五年に即位して一五四七年に亡くなり、子のアンリ二世が王位を継ぐが、彼は一五三三年にカテリーナ・デ・メディチ（カトリーヌ・ド・メディシス）を妻に迎えていた。一五五九年のアンリ二世の死に際し、新王となったのは息子フランソワ二世であり、さらにその後を継ぐシャルル九世も、その次王となるアンリ三世もすべて、メディチ家出身のカテリーナの息子たちである。つまり、フォンテーヌブロー派が活躍した全期間、一貫してパトロンであったフランス王家は、常にメディチ家と直接的な関係を持つ人たちだけで占められていたことになる。

ルネサンス・ネオ・プラトニズムとアンドロギュヌス

フィチーノは、『プラトン神学（Theologia Platonica）』の翻訳を一四七四年に完了し、一四八二年に出版した。彼はその第三巻第二章において、我々の魂は肉体に従属するのではなくその主人であると述べ、また第一巻第一章では、同書の目的を「この地上界の足枷の鎖をすぐに解き、神を導き手としプラトンの翼に揚げられて、より自由に上天の領域へと飛翔しよう。そこでわれわれは即座に、幸福のうちに、われわれ人間の卓越性を観照するだろう」（榎本武文訳）と述べている。魂が地上界の足枷たる肉体にとらわれているとするその考えは、明確にグノーシス的である。

ピコもまた同様に、人間の肉体をして、「霊魂の首筋をねじふせて引き留める」ものと述べている。そのため、グノーシス主義的な思想の必然として、人類が目指すところは肉体からの霊魂の解放であり、その鍵となる知性（グノーシス）の獲得になる。ここでわたしたちは、先に見たような「叡智（ヌース）＝天使的知性」というルネサンス・ネオ・プラトニズムの公式を思い出さなければならない。細かな相違にさほど頓着せず、錬金術思想ともあわせて、これまでの公式をもとに大胆に等号をつないでいけば、ルネサンス・ネオ・プラトニズムにおいては、肉体からの魂の解放によって得られるのは、人間が天使的知性に近づくことであり、完全体たる原初の状態であるアンドロギュヌス体へと回帰することとなる。

この点に関して、フィチーノは『恋の形而上学』のなかで「我々は、物体から魂へ、魂から天使へ、天使から神へと順を追って上昇する」（左近司祥子訳）と述べている。同様に、ピコによれば、我々は「天使的な生を求め」ており、霊魂を完成させるために必要なのは「神的な事物の認識」であると述べる。この定義は、彼らにとって「グノーシス」が何を意味するかを言い換えたものと言ってよい。

ここで「一者」についても同様に整理しておく必要があるだろう。すべてがそこから発したものという点で、一者は旧約世界の父なる神とも重ね合わされ、同様にグノーシス的デミウルゴスとも同一視された。先に見たように、一者から発した「多」であるところのその他すべてのもの――天使でさえここに属する――は、一者の「多を一にする力」によって「一」へと回帰することを望んでいる。これが達成された時、我々はやはり天使的知性に果てしなく近づき、天上の世界に迎えられる。また「一者」は、知性的世界を構成する主体としてプラトン的イデア界に等しく、肉体から解放された魂が最終的に回帰する場所でもあり、さらには錬金術的思想において、多の状態たる男女が合一することとも重ね合わされると言ってよい。

新約聖書外典の「トマスによる福音書」は、おそらく二世紀に編まれた文書であるが、あまりにグノーシス的色彩が濃いため、早くも三世紀前半には異端の書として名が挙げられた。その後、二〇世紀になってからエジプトで発見された、いわゆるナグ・ハマディ写本群の一部を成している。そのなかでイエスが語ったとされることばに、「あなたがたが、男と女を一人にして、男を男でないように、女を女（でないよう）にするならば（中略）［御国に］入るであろう」（荒井献訳）という注目すべき一文がある。

　男女が両性具有の合一体となれば天国に迎えられるというこの言説は、錬金術における求道的な両性具有への模索が、グノーシス主義の思想にぴったりと重なることを明らかにしている。同様に、やはり新約聖書外典である「フィリポ（ピリポ）による福音書」にも、イエスは「二つの性を再び結びつけるためにこそ地に降りた」（大貫隆訳）とする記述がある。同書は二世紀後半に成立し、おそらく前述の「トマスによる福音書」を参照したと考えられており、グノーシス主義的と判断されて正典から外されている。

　フィチーノもプラトンの『饗宴』註解において、かつて完全であった人間は、「二つに断ち切られてしまった」が、再び男女が合一すれば、「魂はようやく完璧とな」ると述べている。この点に関して、彼がメディチ家の哲学サークル（しばしば誤解を生む名である、いわゆる「プラトン・アカデミー」）において、あたかも教科書のように用いたことがわかっている偽ディオニュシオス・ホ・アレオパギテスの一連の書のうち、『神名論』に「我々もこの神の一（性）の力によって多から一へと帰還せしめられ」、魂は「求心しながら多を一にまとめる力によって、自らの分に応じて可能な限り天使に似た知性として評価され得る」（熊田陽一郎訳）と述べた箇所があることは重要である。

　同様の説明をピコのなかにも見ることができる。彼によれば、我々の霊魂は「多」を「一へと集めて上って行き、（中略）地上のメルクリウスのように、翼を持った足によって（中略）飛んで行き（中略）、ひとつの精神において完全に和合し（中略）完全に一なるものとなる。（中略）この平和によって人間自身は、天へと上って行って天使になる」（大出哲・阿部包・伊藤博明訳）。グノーシス主義における一者への回帰は完全性の獲得にほかならず、錬金術における原初の完全体への還元に等しい。錬金術的思想が、グノーシス主義と矛盾することなく、そのままルネサンス・ネオ・プラトニズムに採り入れられたことを、彼らの言説はよく示している。

君主称揚としてのアンドロギュヌス

ここで再び、フランソワ一世の君主称揚図（図5－06）に視線を戻したい。これまで本章で見てきたことを総合するに、ここで両性具有体として描かれている王は、錬金術的完全体であり、ゆえに天使的知性たるグノーシスを獲得した者なのである。さらにレオナルド・ダ・ヴィンチによれば、芸術家は自然を再創造する力を持つがゆえに「神の子孫たりうる」（アシュバーナム手稿第一九紙葉裏）。この考えは、人間を「自由意志を備えた名誉ある造形者にして形成者」とするピコの考えにも一致する。

それならば、君主称揚図中のフランソワ一世のお腹が膨らんでいることにも説明がつく。錬金術における「生み出す力」の描写は、マリアの受胎能力がごとくお腹を膨らました姿で、そしてしばしば胎内の子宮と、宿った生命の姿を透けさせた形で表現されるのだ。つまり、両性具有体＝完全体となった王は、天使的知性たるグノーシスを獲得し、神的な生み出す力さえ付与されているのである。

つまりルネサンス・ネオ・プラトニズムにおいては、その目指すところは肉体からの魂の解放であり、そのための鍵となる知性の獲得であったが、同時にその模索は、グノーシス主義的な合一性の探究、そして錬金術的な完全性の探究と完全に軸を一にしていた。こうした模索がフォンテーヌブロー派において盛んになされたのは、思想家たちのみならず、いや彼ら以上に、ルネサンス・ネ

図5-08　《洗礼者ヨハネ》（レオナルド・ダ・ヴィンチ画、1508-19年頃、パリ、ルーヴル美術館）

オ・プラトニズムの薫陶を受けていたであろうイタリア人芸術家たちによる実制作上の伝達がなされたために違いない。第一フォンテーヌブロー派の主流を成した彼らは、レオナルド・ダ・ヴィンチをはじめとして、フィチーノやピコらによるフィレンツェのメディチ・サークルからの思想的影響から無関係ではいられなかった。

だからこそ、レオナルドによる《洗礼者ヨハネ》（図5－08）は両性具有的であり、彼の工房による同作品の近似作例は、より明瞭に両性具有性を示し、同時に完成形としての天使的イメージにも重ねられていたのだ。それゆえにこそ、彼の工房でおびただしい数が生産された「接吻するイエスと洗礼者ヨハネ」の主題は、神話における男女の一対を図像の源泉とし、また男女の合一を描いた錬金術図像によく似ているのであり、さらには分断されたものがもとの「一」へと戻る天使と悪魔の関係にも通底するのではなかろうか。

錬金術の見世物としての「回春術」は、アンドロギュヌスの神話に基づいた、両性具有体の獲得であり、完全なる原初状態への回帰の寓意であった。同様の文脈で、君主称揚図として描かれた王は、両性を獲得した完全体であり、不滅の存在にほかならない。それらの図式の背景にあるのは、グノーシス主義における一者への回帰であり、錬金術における完全体への還元であった。そして不老不死をもたらす「回春炉」は、容器のなかに入ったものが若返りを獲得する点で、明らかに聖杯伝説とも文化背景を共有している。

第6章　近代化とオカルト化

1　近代化学への分岐

後にパラケルスス（図6−01）と呼ばれるようになるフィリップス・アウレオールス・テオフラストゥス・ボンバストゥス・フォン・ホーエンハイムは、一四九三年にスイス北部のアインジーデルンに生まれた。一五〇〇年を挟んだ前後四半世紀に生を受けた人物たち、たとえばマルティン・ルターやイグナチオ・デ・ロヨラといった人々が宗教改革と対抗宗教改革の中心人物となって、ルネサンスに幕を引き、西洋世界は近代を迎えることになる。近代化の動きはあらゆる分野において同時発生的に進行するが、医学の発展に寄与したパラケルススもまた、近代化を担った多くの人物たちのひとりとなる。

父ヴィルヘルムはこの小さな街で医師を生業とし、錬金術にも没頭しており、このような環境が

図6-01　《パラケルススの肖像》（作者不詳、ワシントン、国立アメリカ歴史博物館）

パラケルススの人生を決定したと言ってよい。そして九歳の時に父についてオーストリアのフィラハに移る。そこにはアウグスブルクを拠点とするフッガー家が経営する鉱山があり、そこで働いた経験が、後に鉱物を医療に応用するという発想の下地を作ったに違いない。それから彼はたびたび居場所を変え、イタリアのフェッラーラで医学を修めた後、ウィーンやヴェネツィア、リスボンやシチリア島、ロードス島や北欧など各地を転々とするが、そのいくつかは雇われていた傭兵隊の移動に伴って訪れたというのが面白い。もちろん兵士としてではなく、戦場で傷ついた兵の治療にあたるためだ。

スイスのバーゼルにいた時、パラケルススはエラスムスやエコランパディウスといった当時を代表する人文主義者たちを顧客に持ち、彼らの推薦でバーゼル大学に教授職を得た。しかし彼の講義はそれまでの伝統的な医学に真っ向からぶつかるもので、攻撃的な性格もあいまって、本書でも言及したアヴィケンナの『医学典範』を火にかけたり、ガレーノスを揶揄するなどして反発を買った。彼が自ら名乗ったパラケルススの名も「ケルススに勝る」という意味で、長らく権威的な医術書のひとつだった『医について（De re medica）』の著者である一世紀のローマ人医師ケルススを超えるとの自負を示していた。パラケルススは講義をおこなうにあたって今日のシラバスに相当するものを構内に貼り出したが、そこには医学の使命として「疾病の種類と原因と症状とを認識し、その上に明察と勤勉とをもって医薬を処方し、状況と特殊性に応じてあらゆる治療を行うこと」（大橋博司訳）と書かれていた。医師の心得として至極まっとうなものに思えるが、すべてを古典の医術書に頼っていた当時の医学においては異端にすぎ、結局彼はバーゼルを後にする。

フランス病とパラケルススの水銀

パラケルススはニュルンベルクも訪れたが、そこは当時のドイツにおける出版業の中心地であり、彼もそこで『フランス病に関する三書（Von der Frantzösischen kranckheit Drey Bücher）』を出版しようとする。フランス病とは梅毒のことで、フランス王シャルル八世の軍による一四九四年のナポリ攻囲戦をきっかけにヨーロッパ中に広まったため、この名がある。というのも、その前年にコロンブス（クリストーフォロ・コロンボ）の艦隊が新大陸から戻ってきており、そこで雇われていた傭兵たちが次の仕事場を求めてフランス軍に加わっていたためだ。新大陸からもたらされたこの性病は野営地に集っていた娼婦たちを介して伝染し、兵たちのフランス帰還後には世界中へと一気に広がっていった（ちなみに二〇年も経たないうちに日本でも最初の症例が記録されている）。そのため梅毒はフランス人だけがナポリ病と呼ぶ一方で、他のすべての国ではフランス病と呼ばれていた。

この病は末期には脳までをも侵すが、初期症状はまず皮膚に現れるため、従来から皮膚疾患に用いられていた水銀と、やはり新大陸からもたらされたハマビシ科ユソウボク（癒瘡木）が用いられた。というのも、新大陸の先住民はこの樹木を梅毒治療に用いているとの報告があったからだ。性行為を介して感染するため、「神の罰」としてこの新たな病に恐れおののいていたヨーロッパの人々は、この未知の樹木を「命の木（Lignum vitale）」と名付けて重宝した。パラケルススはこの治療法を非科学的と批判し、彼の書のなかで化学処理を施した水銀を主とする治療法を説いた。しかし、ユソウボクの輸入から販売までを独占し、巨万の富を築いていたのがほかならぬフッガー家であり、この豪商による差し金で出版は差し止められてしまった。

この事件は、パラケルススの新たな医学が当時の社会に引き起こした騒動のほんの一例にすぎない。本書でその詳細を追うことはしないが、強調しておくべきは、彼の治療が多分に鉱物に関する広範な知識と膨大な実験・観察によって生み出されたものである点だ。特に鉱山地域に多く見られる病の観察は、鉱石と金属が人体におよぼす影響の考察へとつながり、また同時に鉱泉に含まれるミネラル成分が持つ性質と治癒力の発見ももたらした。

また従軍医師としての経験は、彼をして消毒の必要性を訴える最初の提唱者たらしめた。それまで戦傷には牛糞の塗布や焼灼（しょうしゃく）による血止めがおこなわれていたが、パラケルススはそうした慣習を非難し、傷を清潔にし、縫合による処置をおこなうことを提案した。彼は膨大な量の原稿を書き残したが、生前に出版されたのはその一部にすぎない。そしてそのうちの一冊が、一五三六年にウルムとアウグスブルク、フランクフルトで同時に刊行された『大外科学（Die große Wundarzney、大いなる手術の書）』である。

そのなかの挿絵（図6－02）では、中央に頭部を切開手術している医師と、画面右に担架で運ばれる患者の姿が描かれている。病院の何気ないひとこまに見えるかもしれないが、ここにもまた従来の既成概念を打破するパラケルススの先進性が表れている。なぜなら、パラケルスス自身と思われる医師が自ら切開手術をおこなっているからだ。というのも、西洋医学では大学で医学を修めた

図6-02　開頭手術の様子（パラケルスス著『大外科学』より、1536年、個人蔵）

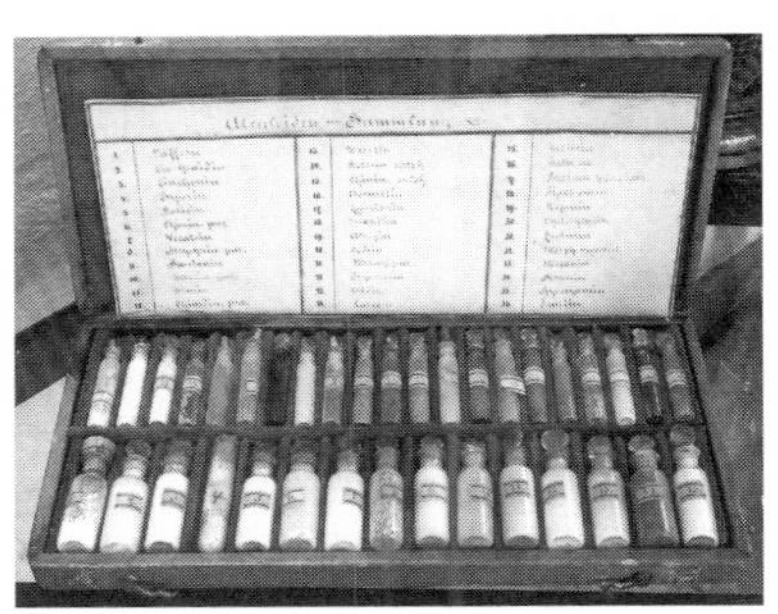

図6-03　パラケルスス以降広まった医薬品のための鉱物原料の例（19世紀前半、ハイデルベルク、薬事博物館）

医師はすべて内科医であり、彼らだけが尊敬されるべき専門家で、実際の切開術などを担当する外科医（その多くは刃物の扱いに慣れた理髪師が兼ねていた）との間に明確なヒエラルキーがあった。血を流す行為自体がキリスト教的倫理観に反していたこともその理由のひとつである。しかし、パラケルススは最終的に両者はひとつのものという見解に至り、弟子や学生らに両方を学ぶよう、さもなければ医の道から離れるよう説いていた。

こうした数々の功績からパラケルススは俗に「医化学の祖」と呼ばれるが、そこには彼の錬金術師としての知識と経験も多分に活かされている。梅毒の治療薬を植物由来原料から水銀中心にしたのはその一例だが、他にもヒ素やアンチモン、酸化鉄、硫黄、そして彼自身が名付け親となった亜鉛などを用いた実験を繰り返した。

ミクロコスモスとマクロコスモス

パラケルススは内科と外科を同列のものとして扱い、また鉱物学と薬学を同じくくりのなかに入れて考えたように、医学と錬金術を同じひとつの道とみなして探究していった。彼は全宇宙をマクロコスモスと、そして人体をミクロコスモスとみなし、両者を相似の関係において考える。これは古代ギリシャで形成された思想であり、他の多くの学芸と同様にルネサンスで再びヨーロッパにもたらされた。第二章の一節で扱った『エメラルド板』に記された、「それは地上から天へと昇って、上のものと下のものとを支配する」との一節を思い出していただきたい。「上のもの」と「下のもの」は単なる「天と地」の言い換えのみならず、マクロコスモスとしての「天上界」とミクロコスモスとしての「地上界」であり、またそこから（天にいる）霊的・精神的な存在である「魂やロゴス」と、（地にいる）物質的な存在である「肉体やフェシス」をもその意味に含んでいた。

前章で扱ったフィチーノらによるヘルメス文書群の翻訳・解釈をもとに、ルネサンス・ネオ・プラトニズムの思想体系のなかで、マクロコスモスとミクロコスモスの対比は中心的な位置を占めるもののひとつとなった。神が万物たる宇宙を創り、次いで自らに似せて人類を創ったのだから、現代的な言い方をするなら両者は等しく神的なデザインを共有しているに違いない。この思想はこうしてキリスト教的倫理観とも合致するが、同時に人間を宇宙の中心に置く点で、人間中心主義たる人文主義の理念の発露でもあった。

「我々が知るべきことのすべては我々の内にある」――これがパラケルススの錬金術的世界観である。いわば、人間の体内にはある種の錬金術師的な働きをする特殊な機能がある。これを特定の器官や臓器ととる向きもあるが、基本的には人体に内在する錬金術的な能力のことである。パラケルススはこれを、「根源」を意味するギリシャ語「アルケー」から採って「アルケウス（Archeus）」と名付けたが、錬金術師が鉱山の残滓や卑金属のくず山のなかから錬金作業に有用な原材料を選り分けることができるように、アルケウスが体内に入った食物から有用なもの（栄養）と不要なもの（毒素）を選別するのである。パラケルススの医学への貢献のひとつに、毒素とされる物質の治療への応用があるが、それもこのアルケウスの働きによって説明されている。

バーゼルに移る頃の一五二六年に書かれた『アルキドクセン（Archidoxen）』と、大学を追われた後に書き上げられて彼の代表作のひとつに挙げられる『パラグラーヌム（Paragranum）』の、いずれも死後に出版された書を中心に、著作群のほとんどが彼の錬金術思想に基づいて書かれている。彼はヒポクラテス―ガレーノス系の四体液説を完全に否定し、また四大元素の理念を部分的に採り入れつつも、硫黄と水銀と塩の三つを原物質とし、万物はこれら三原物質から成ると考えた。

当然ながら、それら三種は今日的な定義における三物質にそのまま相当してはおらず、硫黄は燃焼するもの、およびその作用すべてを指し、塩は物質的な実体を、そして水銀は液化と気化に関わるものの総称と言ってよい。もちろん人体もこの三原物質から成っている。しかし、外部からは結合した結果としての人体しか見ることができない。そこで医師は錬金術的知識をもって、対象となる人体の内部の三原物質の状態とバランスを把握し、その都度適した治療＝バランスの是正をおこなわなければならない。このうち「バランスを把握」するプロセスでは、困難なことに占星術的な知識まで要求される。というのもミクロコスモスたる人体は、これと呼応する全体像であるマクロコスモスからしか把握できないとパラケルススは考えたからだ。人間は物質（肉体）と精神（魂）の間にアストラル体という一種の殻を持っており、これがそのまま地上界と天上界との間にある中間存在に相当している。よって投薬の時期なども星の動きを見ながらおこなわなければならないことになる。

さらに、彼の錬金術が目指すものは金の精製ではもちろんなく、秘めたる薬たる「アルカヌム（Arcanum、複数形でアルカナ Arcana）」の獲得にある。それはプリマ・マテリア（第一質料）、あるいは賢者の石、そして生きとし生けるすべてのものの命を活性化させる「命の水銀（Mercurius vitae）」の形をとって現れる。アルカヌムはまた、金属を金の見た目に変えるティンクトゥーラ（染料）の形もとることができるが、これには人をも金にする、つまり完全体にするという究極の力があることは、ここまでお読みいただいた方には自明の理だと思う。

もしも人間が金化して完全体となれば、わたしたちは死の運命を免れ、肉体の呪縛から解放されて永遠に生き続ける霊的存在となる。この不滅の霊魂こそがミクロコスモスの本質であり、サイズの概念にもとらわれなくなるためマクロコスモスとも同化する。よく「精髄」の訳語をあてられる「第五元素」は、パラケルススの思想においてはまさにこの昇華された霊魂にほかならない。

デッラ・ポルタの自然魔術

つまり、パラケルススは錬金術に批判的だったわけでもなければ、完全に近代的な視点から錬金術を変えようとしていたわけでもない。彼はあくまでも錬金術の伝統に則ったうえで、彼が専門とする医学と鉱物学の知識を援用しようとしたのだが、結果的に錬金術は近代化学につながる実証的側面と、金の精製という当初の目的から離れて、霊魂の高次への昇華という日常世界とは乖離した求道的側面とに分かれ始める。後者はいきおい超自然化、オカルト化していくことになる。

ヤスリによる鉄の削りくずを耐火性のるつぼに入れて赤くなって融けるまで熱す。次に金細工師が使用する硼砂と赤い砒素をある程度中に撒き散らす。そのあと同じ割合の銀を投げ入れて、灰で出来た強靭な器で精妙に浄化する。中に分離のための水を入れると金が器の底にたまるので取り出す。（澤井繁男訳）

実際に自分でも試してみようかと思わせるほど簡単そうに書かれているが、これは一六世紀後半のイタリアの医師、ジャンバッティスタ・デッラ・ポルタによる『自然魔術（Magia Naturalis）』の第五巻に書かれた「銀から金を抽出する方法」である。錬金術の歴史を眺めていても、なんら秘匿することなく、これほど具体的に金の精製技術が説明されている書物は他にない。その点で、デッラ・ポルタもまたパラケルススと並んで、錬金術と近代化学との接点に位置する人物であると言える。なお引用文にある硼砂（ほうしゃ）とは、はるかチベットからヨーロッパへともたらされていたホウ酸塩鉱物の一種で、古くからエナメルなどの原料に用いられた。デッラ・ポルタによる記述はこのように単純明快で、たとえばアンチモンと真鍮を用いて銀に黄金色を与える染色技法の説明となるとさらに簡潔である。

デッラ・ポルタはパラケルススに遅れること約四〇年後の一五三五年頃に、ナポリで海産物業を営む裕福な家に生まれた。早熟の天才と呼んでよく、わずか二三歳前後の一五五八年に『自然魔術』を出版する。同書はたちまち当時の富裕層の間で評判となり、ラテン語だけでなくイタリア語やフランス語、オランダ語やスペイン語、はてはアラビア語にまで訳されて広く読まれた。デッラ・ポルタは各地を旅し、さまざまな人に会っては見聞を広めた。そしてその成果を加えた『自然魔術』の改訂版（図6－04）を一五八九年に出すが、巻数はなんと二〇巻にのぼっていた。

他の学者たちのように正式に大学で特定の学問を修めたわけではなく、また錬金術や占星術などの、徐々に大学の教科からは外されつつあった分野や、観相学や蓄財法のような、そもそも教科に入っていない分野まで、数学などと同列に分け隔てなく扱っていたこともあって、学者たちの間ではさほど高く評価されなかった。実際、同書には記憶術や女性の美容術、果ては楽しい夢を見る方法といった、およそ科学的とは言えないものの、読者の好奇心を誘うような興味深い項目名が並んでいる。しかし同書はその広範な対象分野と膨大な記述項目数、学究的なアプローチと論理的な記述によって、古代の大プリニウスの『博物誌』を思わせる、人類による知的活動の集積の一大記録となっている。

同書には、ある形相をとる植物が異なる形相に転じることで新種の植物を生じさせる方法や、新たな動物は死と腐敗から生じるものだといった、いかにも錬金術的思想を背景に持つことが明らかな記述が多く見られる。このことは第一巻において特に顕著であり、それまでの錬金術のまとめのような解説となっているので、デッラ・ポルタ特有の平易な文章でおさらいしておこう。

彼はまず「万物は元素より起こる」と述べ、四大元素を紹介した後、「万物は、熱、冷、湿、乾といった四つの特性で成り立っていて、二つが組合わさって物質の性質を出」し、「火は熱と乾、空気は熱と湿である。（中略）

図6-04　ジャンバッティスタ・デッラ・ポルタ著『自然魔術』扉絵（1680年ドイツ語版〈ニュルンベルク〉、ローマ、国立図書館）

土は冷と乾、水は冷と湿」であり、「秩序を逆転することで方向転換する」（澤井繁男訳、以下同）。

あらゆる自然物は「質料と形相」というふたつの原理で成り立っており、さまざまな形相がもとは同一の質料から成り、その性質と割合によってさまざまな形相をとっていることが繰り返される。ここからはキリスト教的世界観と矛盾しないように加えられたフィチーノらによる解釈が述べられる。すなわち、それらの結合は神の摂理により、神の働きかけによって決定される。ものごとの「始源でもある神」はスピリト（精気・精霊）を創り出し、スピリトは霊魂を生み出して、この霊魂が生命を持つ事物に与えられる。よって当然ながら「事物の生成と腐敗は一定の過程と秩序に則っていて、天の自然力に支配されている」。

さて神による被造物のなかでも特別な存在たる人間は、形相が神の意思によって「最も高い天圏からじかに来るときでさえ、人々は叡智的存在を介してそれを受けとめた。叡智的存在は神じたいに由来し、形相と同じような始源を、結果的には叡智的存在も持っているのである」。呼び方こそ異なるが、ここに述べられていることはフィチーノが述べるところの、人間の内的存在としてのヌース（叡智）を介した神的意思の受容の原理となんら違いはない。

デッラ・ポルタは天体の理に精通している哲学者のことを魔術師と呼んでいるが、以上のように地上界の事象も天上界の動きによって支配されているのなら、当然ながら魔術師はマクロコスモスとミクロコスモス間の作用の仕組みを理解している必要がある。デッラ・ポルタは魔術をそれまでの錬金術をも包括した上位概念とみなしているので「魔術師」の語を用いており、本書でも統合的な学問として錬金術の体系全体を対象としているため、彼の指すところの魔術師を本書にこれまで登場した賢者、哲学者、錬金術師と同列に扱って問題ない。結局、錬金術師（魔術師）の能力と目的は「地上の事物を天上の事物の下に置き、また地上の事物を、天上の事物が至るところで働きかけうるようにさせるのである」(同前)。

2　ケミア化とアルケミア

錬金術と化学の分岐点上にいる人物としては、バシリウス・ウァレンティヌスの名もよく取り沙汰される。彼もまた医師、そして錬金術師であり、一六〇四年にライプツィヒで出版された『アンチモンの凱旋車(Triumph Wagen Antimonii)』では、アンチモンの錬金術と医術への先進的な利用法が記されている。またパラケルススのように毒素の医療への応用を主張したり、アンモニアと塩酸の生成法を正しく記すなど、豊富な鉱物知識をもとに錬金術から発して近代医化学への道を開いたひとりとなった。

ただし、人物自体は謎に包まれており、かつては一四一三年頃に中央ドイツのエアフルトで活動したとされていて、ウァレンティヌスが修道士として居住していた教会が後に落雷を受けた際、折れた円柱のなかからその手稿が発見されたとの奇跡譚まで伝えられていた。この逸話は、彼の著作が死後かなり経ってから出版されたことの説明にもなっていたのだが、今日では、一六世紀後半の複数の著者によるいくつかの書が彼の名に帰せられたとすることで、研究者間でおおよそ一致を見ている。偽著者の中心的な人物として、一六世紀後半から一七世紀初頭まで生きたドイツの製塩業者ヨハン・テルデの名が特定されている。テルデはウァレンティヌス偽書群のうち最初の五書を書いたと考えられている。

偽書のなかでも、『錬金術の一二の鍵（Ein kurtz summarischer Tractat, von dem grossen Stein der Uralten、古代の偉大な石に関する小冊子）』はよく知られている。同書は初め、テキストのみで一五九九年に出版され、次いで一六〇二年に木版による一二枚の挿図を加えた形で世に出た。一六一八年には新たに彫り直された版画とともに、ミカエル・マイヤー編纂による大部の文献集の一部として出版されて人気を呼んだ。

鍵の寓意

図6-05 《第二の鍵》（『錬金術の一二の鍵』より、1618年版に基づく1678年ラテン語版、フィラデルフィア、科学史研究所）

同書に付けられた一二点の図像は、基本的にそれぞれ一二の鍵と対応している。マイヤーの『逃げるアタランタ』と同様に、この書の挿図の原画もマテウス・メーリアン（父）が担当したものと思われる。

ウァレンティヌス偽書の化学への貢献は先に述べたが、『錬金術の一二の鍵』は第四章で取り上げたような錬金術図像書の系統に属し、その寓意的な文章とあいまって図像の解読は容易ではない。

《第二の鍵》と題された図版（図6－05）では、左右に剣を手にして闘うふたりの戦士がいて、その間に有翼の裸体の男性が立っている。中央の男性はカドゥケウスの杖を掲げているのでヘルメス＝メルクリウスであり、つまりは「哲学者の水銀」である。翼は気化あるいは昇華を意味し、両脇にある太陽と月は一組の対概念（男性性と女性性など）を表す。メルクリウスは両手に杖を持っているので、その対立する要素は彼のなかで等しく採り込まれているはずだ。一方、闘う戦士たちは当然ながら進行中の対立要素であり、鷲などによって右は塩安（塩化アンモニウム）、左は蛇がまとわりつく剣を持つ硝石（硝酸カリウム）だとわかる。それらは若干の加工を経て混合させると激烈な反応を示しながら強酸を生じる。足もとに単独で置かれている翼の意味は不明だが、これから三者による工程を経て水銀はなお純度を高め、より高い次元へと移行するプロセスにあることを意味するのだろう。

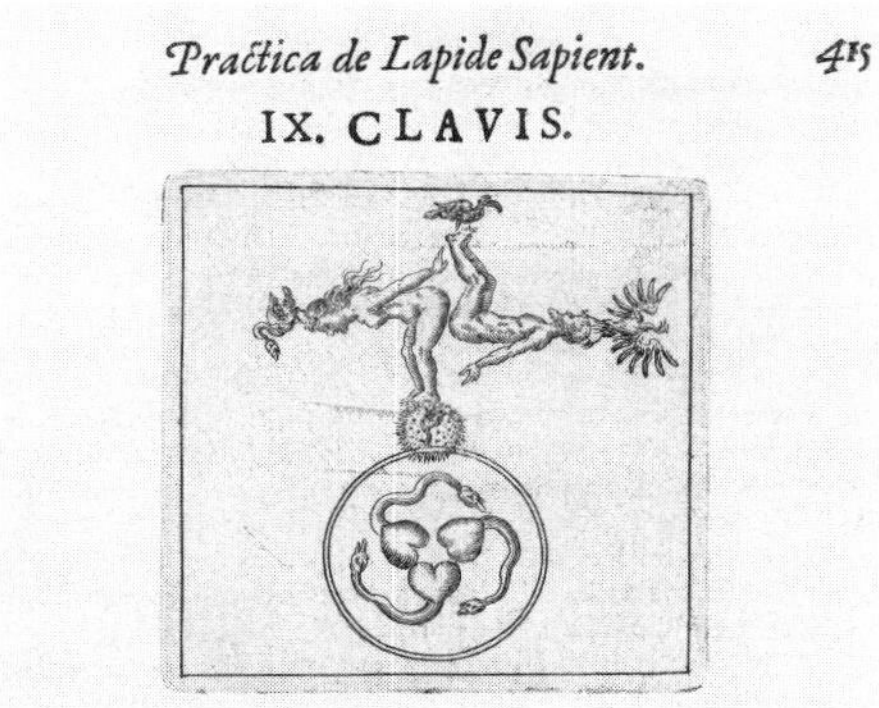

Practica de Lapide Sapient. 415
IX. CLAVIS.

図6-06 《第九の鍵》（『錬金術の一二の鍵』より、1618年版に基づく1678年ラテン語版、フィラデルフィア、科学史研究所）

同書のたいていの図版はこれまでの図像パターンを知っていればおおよそ読み解くことができるものだが、《第二の鍵》と並んで独特な図像を持つのが《第九の鍵》の図版である（図6－06）。「賢者の石の実践」と題されたこの摩訶不思議な図版は、下方に正円が描かれており、なかに心臓から現れた三匹の蛇がのたうって羽車のような姿を描き、おたがいの腹へと口をあてている。これらは硫黄と水銀、塩の三位一体性と相互置換性を表す。一方、円の上には裸体の太陽の王と月の女王がいて、奇妙なことに体を「く」の字に曲げて逆さまに位置している。太陽の王は足に黒いカラスを、頭に自らの灰から生まれるフェニックスがとまっている。一方の女王は頭に白鳥を戴き、足もとには孔雀がいる。これらはニグレド→アルベド→ルベドという三つのプロセスと、それによる昇華を何度も繰り返すことを示している。両者が奇妙なポーズをしているのにも訳があって、その回転性が同一プロセスの繰り返しを意味し、また十字と円の組み合わせは全体で、錬金術におけるアンチモンの記号ともなっている。

錬金術から近代化学が分化していくのに抗うように、この書のような難解な図像書もまた大量に作り出され、錬金術文化を豊かにしていく一方で、一般には衒学的なオカルト・イメージが醸成されていくのだ。

キミア

キミア（chymia）という用語がある。英語ではキミストリー（chymistry）と表記するが、「化学」を意味するケミストリー（chemistry、ラテン語でケミア chemia）の誤記ではなく、その古い綴り表記である。一方、「錬金術」を指すアルケミア（alchemia、またはアルキミア alchimia、英語でアルケミー alchemy）の語源については第三章の一節ですでに述べたように、古代地中海世界の技術がイスラム圏で発展した経緯をよく示す語である。

今日では用語も扱いも明確に区別されているように、化学と錬金術ははっきりと異なるものとして扱われており、錬金術を近代化以前の未成熟な化学とみなすのが一般的である。しかしここまで見てきたように、錬金術師たちのほとんどは当然のように化学分野のなかに含まれる作業を早くからおこなっていたし、近代以前から化学者もいて、そのなかには現代的な定義通りの錬金術師を兼ねているケースも少なくなかった。つまりそれらはまだ「錬金術＝前近代、化学＝近代」という単純な構図で分けられるようなものではなく、両者が混然一体となった状態にあり、どちらか一方のカテゴリーに無理やり入れて区別しようとする行為は現代的にすぎると言える。そこでキミア／キミストリーが「錬金術と化学がまだ未分化な状態」を指す語として定着したというわけである。

パラケルススらが登場して以来、彼らが意図したかどうかにかかわらず、錬金術は近代化を始めたと述べた。しかし、いみじくもパラケルスス自身が伝統的な錬金術の探究から近代的な医化学への一歩を踏み出したように、その後もしばらくは、ヨーロッパはキミアの時代にあった。しかし錬金術が近代化学化していく一方で、その衒学的な側面は錬金術の妖しげな秘儀的イメージを一層強める結果となった。このことは、本書で見たような摩訶不思議な図像群とその難解さが、それを目にした一般大衆にどのような印象を与えたかを想像すれば容易に理解できるはずだ。

そうなると、純粋なるケミアを指向していたキミスト（キミアに携わる者のこと）たちが、当時のキミアに付いていたアルケミア色を不要なものと考えるのは当然で、時には迷惑にさえ感じていただろう。フランスで王立科学アカデミーが誕生するのは一六六六年のことだが、そこではっきりとキミアからアルケミアを除外しようとする動きが見られた。このあたりのことについてはプリンチーペの研究書に詳しいが、たとえばアカデミーの化学者エティエンヌ＝フランソワ・ジョフロワが、一七二二年に「賢者の石をめぐる不正（Des supercheries concernant la pierre philosophale）」という論文を発表している。タイトルがずばりと示しているように、金の精製技術とそれに付随するさまざまな求道的側面を攻撃する内容である。ただしジョフロワ自身はこっそりと金属変成の実験を続けたらしく、アルケミアを非科学的と断じる一方で、どこかでまだアルケミアの可能性を信じていた当時のキミストたちのジレンマを露呈している。

アルケミアをキミアから排除しようとする動きは、一八世紀のヨーロッパを覆った啓蒙主義のもとで一層強くなっていく。人類が共通の理性を持ち、理性によって万物の法則を認知しようとする啓蒙思想によれば、神の存在も合理的に説明されるべきものとなる。旧約聖書の「創世記」の記述すら史実の記録として研究しようとした者がいたほどだ、降霊術や占星術などとともに錬金術が非合理的なエセ学問として非難の対象となったのも当然である。金属変成に成功したとの報を受けて、一七八三年にドイツの雑誌に書かれた文章は激烈だ。

真の叡智の仇敵である巨大で古いクリソペアの幽霊はとうの昔に絶滅したと考えられたが、最後の審判の恐るべき反キリストの「ダジャル」のように姿をあらわし、哲学と啓蒙を踏みつぶそうとしている。（ヒロ・ヒライ訳）

クリソペアとは錬金術に用いる蒸留器のことで、そこから転じてここでは（ケミアの対極にあるものとしての）アルケミアの意味で使われている。また、ダジャルとはキリスト教の「アンチクリスト（反キリスト）」に相当するイスラム教での名前である。

今日、錬金術を化学の正当な一部とみなして実験しているような研究室はどこの大学にもないだろう。錬金術は自然科学から完全に見捨てられ、文化史や科学史の一部として、主として人文科学の考察対象となって生き続けている。もちろん、啓蒙主義の一八〜一九世紀の間にも、それ以降、現代に至るまで、純粋な意味でのアルケミア的な錬金術は常にどこかで探求されている。しかし一般的には、錬金術はオカルト（この語自体は一九世紀末に定着する）の一種として、暗い地下室で変わり者がひそかに取り組むもの、といったイメージでとらえられている。いきおい、近代以降の錬金術からは実証科学的なアプローチが薄れ、精神の解放といった神秘主義的で哲学的、かつ求道的な秘儀としての性格を強めていく。本書の冒頭で扱った薔薇十字団はその典型であり、またその他の発露の例として、一部のフリーメーソンの活動や思索に採り込まれた錬金術的思想などを挙げることができるだろう。

薔薇十字団とフラッド

本書の冒頭で扱った『薔薇十字の名声』に始まるローゼンクロイツ（の真の著者であろうアンドレーエ）による「薔薇十字基本三文書」が登場したのは、一六一〇年代のことである。薔薇十字団の物語はたちまち人気を呼び、追随者による「薔薇十字団もの」もいくつか世に出た。時期的には、ちょうど偽ヴァレンティヌスの『錬金術の一二の鍵』をマイヤーが編纂したのと同じ頃である。『化学の結婚』のこれ以上ないほどに寓話的な物語も、『一二の鍵』の謎めいた図像も、その難解さでそれらを読んだ人々を大いに悩ませたことだろう。一方、その少し前にはデッラ・ポルタの『自然魔術』が、そしてさらにその半世紀ほど前にはパラケルススによる一連の書が登場していた。

繰り返しになるが、大真面目に錬金術を探求していた者たちによってケミアへの分化が始められ、そして同時に、それと対置される意味におけるアルケミアもまた、批判を受けつつも隆盛を迎えたと言ってよい。ただ、両者の目指していた地点はおたがいにそれほど離れていない。『化学の結婚』はそのタイトルからして明らかなように、硫黄と水銀、男性性と女性性、太陽と月、天と地、火と水、死と復活といった象徴で示される対立項同士の融合と分離、腐敗と昇華といった化学的利用を主張している点で、それまでの錬金術に代わる新たな化学的志向を露わにしていた。

しかし、たとえ出発点や目指す方向が遠い先では近いものであっても、ケミア志向とアルケミア志向は、普通は真逆のものに見える。それならば、両者が同時に隆盛を迎えれば、どちらかが間違っていると考える人がいても不思議ではない。案の定、薔薇十字団の人気が急速に高まるにつれ、それに対する批判もまた加えられた。そのなかには、ドイツの医師で詩人、かつ高名な錬金術師だったアンドレアス・リバヴィウスによるものも含まれている。彼はパラケルススの錬金術にアレルギーを起こした多くの錬金術師のひとりであり、伝統的なアリストテレス系の理論に立ち返ろうとする一方、エリクシールの精製の可能性を否定し、塩化錫の調整法を発見するなど、その姿勢は充分にケミア的だった。彼は『薔薇十字の信条告白』が世に出てほどない一六一六年に『薔薇十字の信条告白の分析（Wolmeinendes Bedencken / Von der Fama, und Confession der Brüderschaft deß Rosen Creutzes）』をフランクフルトで出版してその思想を批判した。

その翌年に、イングランドの医師ロバート・フラッドがライデンで出した小冊子『疑念をもたれる薔薇十字団への弁明大要（Apologia Compendiaria, Fraternitatem de Rosea Cruce suspicionis）』は、リバヴィウスに対する反論であり、フラッドは後に大幅に拡充した大著も出して薔薇十字団の擁護に走った（図1－04も参照されたい）。フラッドの思想とその後に起きた論争についてはアレン・G・ディーバスによる研究書に詳しいが、一五七四年に生まれたフラッドは、医学界で当時まだ主流にはなっていなかったパラケルススの医学理論を積極的に採り入れようとした。またパラケルススの追随者たちによるパラケルスス主義が説くところの、アリストテレスらの異教哲学よりも聖書に書かれた記述にこそ真実が含まれ、神による創造自体も一種の錬金作用とみなす考えにも傾倒していた。結局のところ、ルネサンスによる多神教文化の逆流入はキリスト教的倫理観からの反発も生んだが、パラケルスス主義もまた、先に扱ったフィチーノらルネサンス・ネオ・プラトニズムに似て、なんとかしてそれら両文化の融合をはかろうとする動きのひとつとしてよい。

フラッドは主著となる『両宇宙誌（Utriusque Cosmi maioris salicet et minoris metaphysica, physica atque technica Historia、大宇宙と小宇宙の形而上学的・物理的・技術的歴史）』を一六一七年から七年かけてオッペンハイムで出版する。そのタイトルが示す通り、大宇宙＝マクロコスモスと小宇宙＝ミクロコスモスについて論じた書である。その内容は、錬金術に用いる容器や装置などの詳細な図と説明などもあるが、中心を成すのは宇宙の創造と両宇宙の相関性についてである。特に宇宙の創造についての記述部分は、先述したような神による万物の創造を錬金作用とみなすもので、聖書の文言におおよそ従いながら、その最初の瞬間から始まる壮大な叙事詩的説明となっている。

二五〇ページを超すような大著だが、ここでざっとその流れを追っておくと、「ヨハネによる福音書」のように、まず闇しかなく、そのため挿図の歴史でも珍しい黒一色のみの図版が付けられている（図6－07）。当然、次のステップは神による「光あれ」であり、宇宙に光が差し込んだシーンが描かれる（図6－08）。最初に存在したのは「ことば」であり、フラッドの長々とした解説によれば、光＝ことば＝ロゴスはここでは天使的知性に等しく、これがやがて誕生する人類の霊魂のもととなる。

次の図版（図6－09）では、四大元素がまだ未分化な状態で混沌とした状態にある。フラッドはまるで地球ができ上がる過程を、時代を飛び越えて学んだかのように、火山が方々で噴火し、溶岩が流れ、噴煙がふき上がる様子にしか見えない図版を彫らせている。宇宙はその後、加熱の後に訪

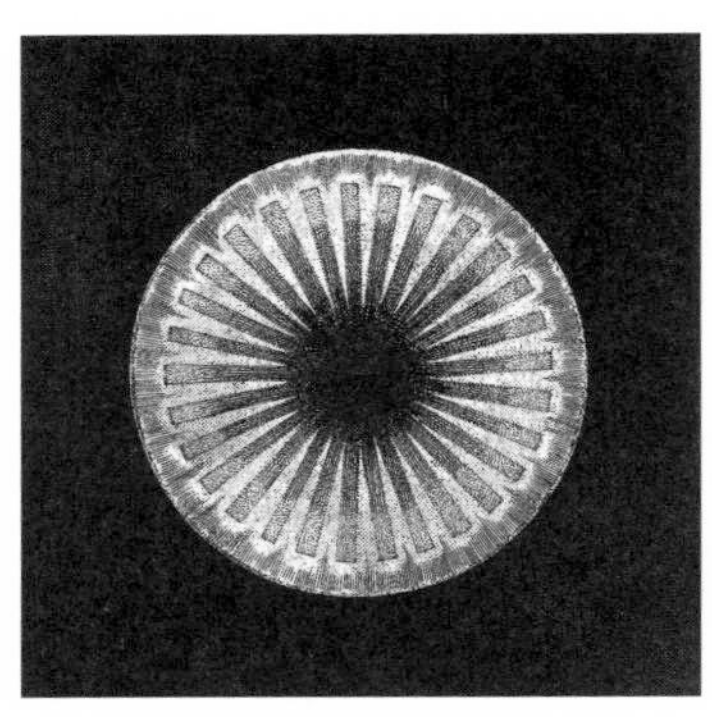

図6-08 「光あれ」（ロバート・フラッド著『両宇宙誌』第一部より、1617年、カリフォルニア大学バークレー校図書館）

図6-07 「闇」（ロバート・フラッド著『両宇宙誌』第一部より、1617年、カリフォルニア大学バークレー校図書館）

れた冷却と死によるニグレドを迎える。そして再び神は光を送り込むのだが、似たプロセスが繰り返されて二サイクル目に入るあたりは、『哲学者たちの薔薇園』で一連の工程がそっくり繰り返されていたのを思い起こさせる。そうして「なれかし（FIAT＝神のみこころのままになりますように）」のことばから発した聖霊の鳩が、ニグレドの状態にあった宇宙の闇のなかに光の円を描く（図6－10）。これが、錬金術作業におけるアルベドの状態へと移行するステップであることは言うまでもない。この後もさまざまな工程を挟みつつ、それに対応する図版を挿入しながら、やがて宇宙に太陽が復活し、星々が適正な位置へと配置されて、「神による創造＝おおいなるわざ」は完成する（図6－11）。

両宇宙のアナロギア

フラッドによる全宇宙の構造のイメージと、人類の発展史を重ねた細密画のように細かな図像は、またもマテウス・メーリアン（父）による（図6－12）。中央で人間のなすことを〝猿真似〟する猿は、人類の技術

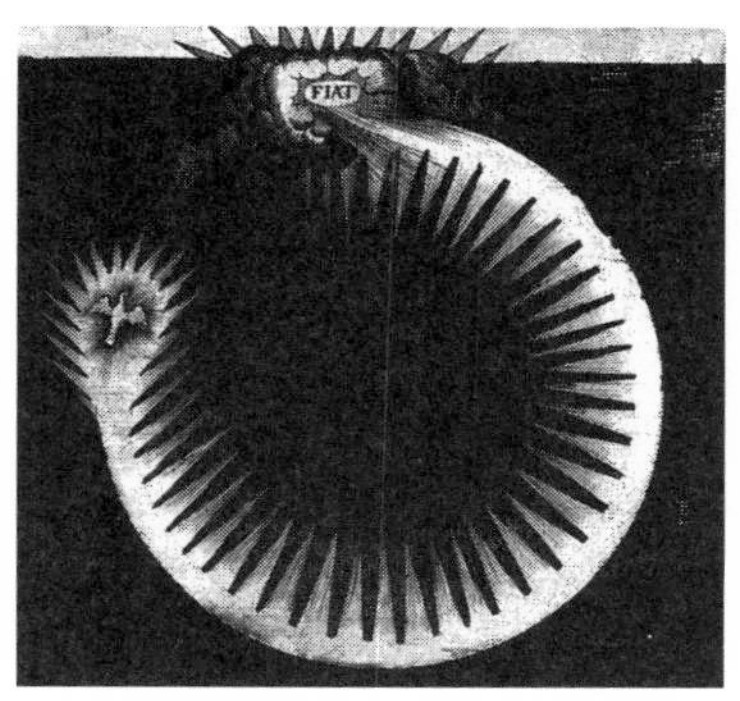

図6-10 「なれかし」（ロバート・フラッド著『両宇宙誌』第一部より、1617年、カリフォルニア大学バークレー校図書館）

図6-09 「混沌とした四大元素」（ロバート・フラッド著『両宇宙誌』第一部より、1617年、カリフォルニア大学バークレー校図書館）

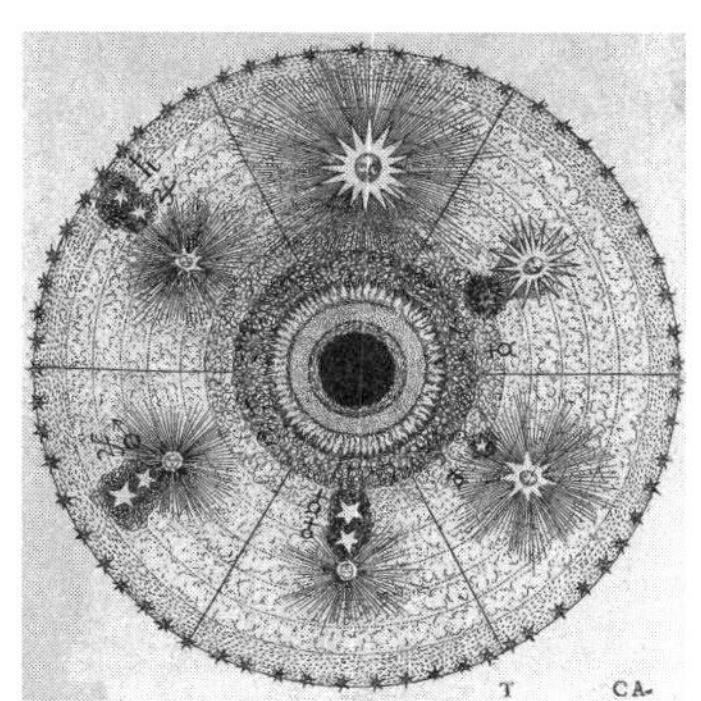

図6-11 「星々の創造」（ロバート・フラッド著『両宇宙誌』第一部より、1617年、カリフォルニア大学バークレー校図書館）

と諸学芸を象徴する。彼が座っている地球の周囲を、さまざまなレベルの技術と学芸の輪が取り巻くが、最も中心にある最初の輪がまさに錬金術である。さらにその輪は、鉱物、植物、動物と徐々に外側を取り巻く輪によって囲まれる。動物の輪の両端、つまり最も高い位置にいるのは、左が男、右が女である。さらにその外には諸惑星の球が重なっているが、きちんと女には月が、男には太陽が光（＝霊的エネルギー）を与えている点が面白い。

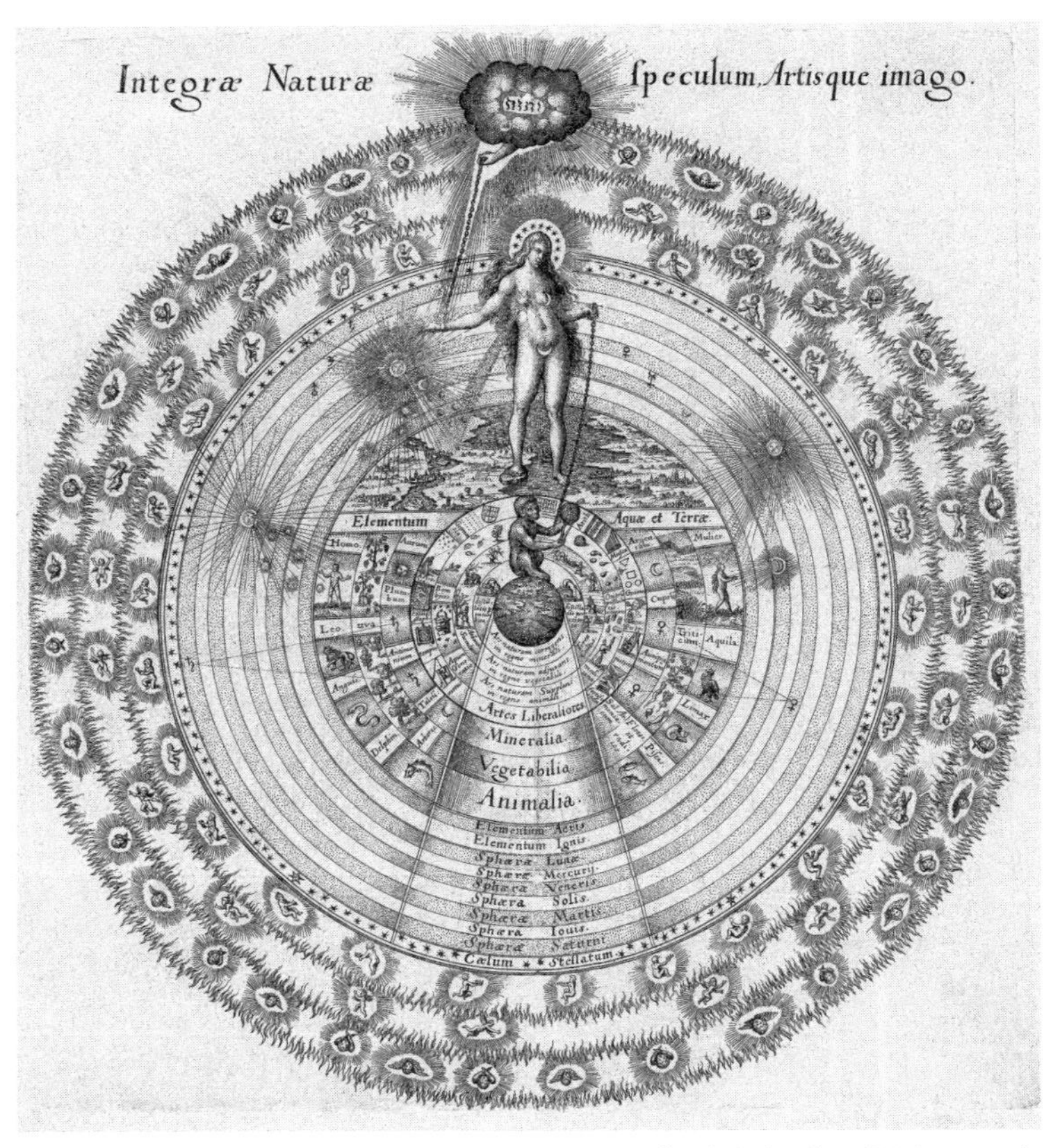

図6-12　「技術と全自然の鏡」（ロバート・フラッド著『両宇宙誌』第一部より、1617年、カリフォルニア大学バークレー校図書館）

諸惑星の層のさらに外側は、霊的な世界である。救済された人間の魂が裸の幼児の姿で最初の円を成し、その外側に天使の輪が二層ある。天使たちにもヒエラルキーがあるので、最も外にある輪には体を持たないセラフィム（熾天使）の姿が描かれている。最外周の頂点には神がいて、ちらりとのぞいた手は、その下にいる女性の腕につながれた鎖の端を握っている。エヴァ（イヴ）的な裸体の女性は神の被造物としての自然そのものの擬人像であり、その象徴的存在としての人類全体をも表している。すべては神によって定められ、神のみこころのままに生まれ、動き、そして死ぬ。ここには、キリスト教の文脈で解釈された錬金術的世界観が示されている。

錬金術の理念とキリスト教を関連付けるためのモデルとして、マクロコスモスとミクロコスモスはとりわけ親和性が高い。すでに述べたように、どちらも神による被造物のなかでもいわば最も神に近い（純度の高い）存在であり、人の魂をより高次の天上の世界へと高める錬金術は両者を相似の関係に置く。どちらも同一の創造主による作品で、同じ質料から生まれ、形相もまた同じデザイナーによってデザインされたと言えばわかりやすいだろうか。

『両宇宙誌』の扉絵（図6－13）は、この理念を簡潔に図示したものだ。円の中心にいる人間の肩のあたりにミクロコスモス（Microcosmus）の、そして頭上にマクロコスモス（Macrocosmus）の文字がある。後者の文字列のすぐ上には太陽と月の姿があるが、人間の顔の横にも再び太陽と月が描かれ、人類もまた小宇宙であり、太陽的・月的要素を内に持つことが示されている。多重の円は先に見た全自然の図とよく似ているが、ここでは人間の手足が接する円が黄道十二宮（獣帯）で、他の輪は錬金術的記号で示される原素材や惑星などで構成される。これは運命の輪のように少しずつ回っているものであり、円の右上にいる「時」の擬人像がその端を引っ張っている。なお時の図像は、時

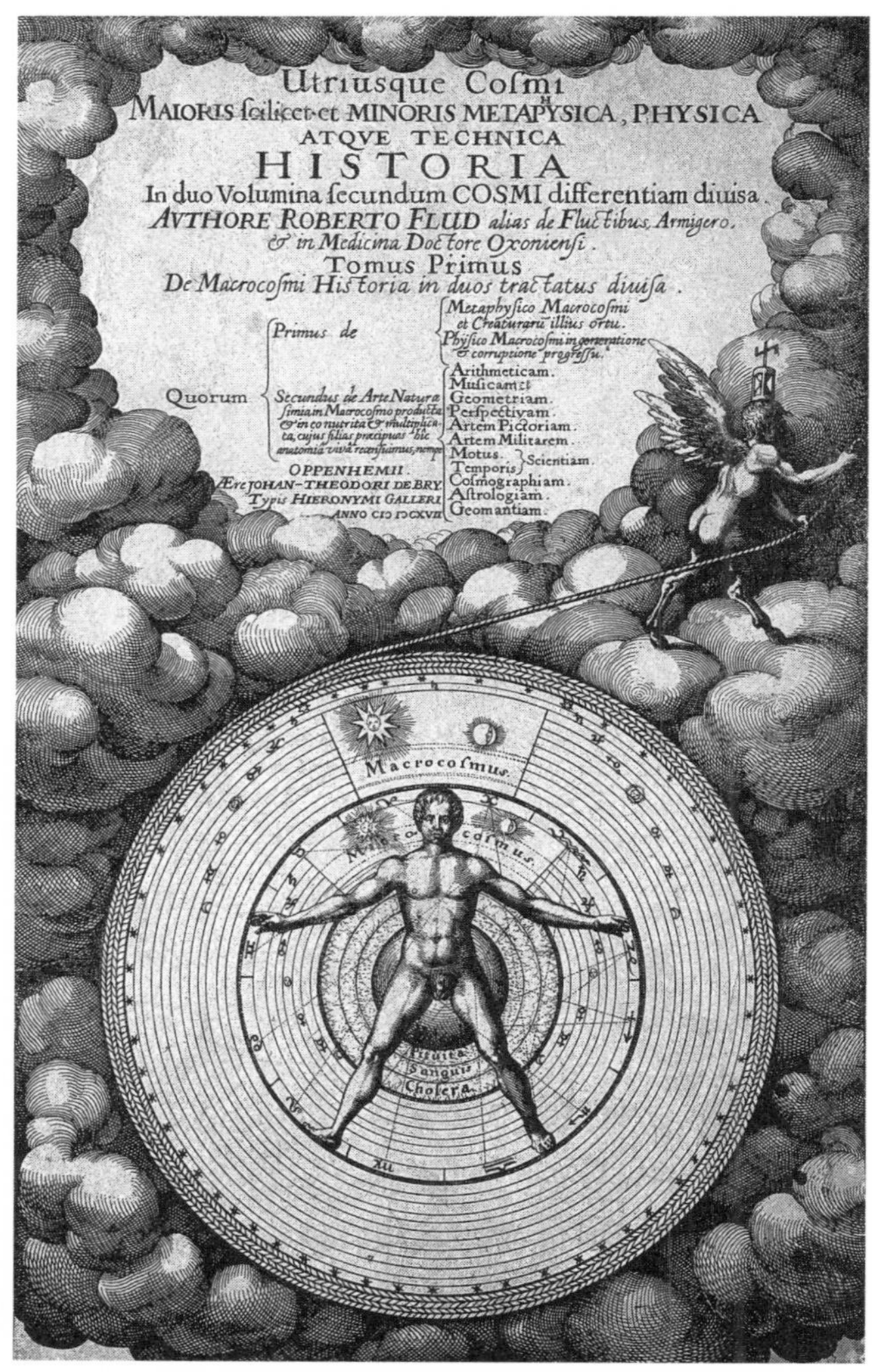

図6-13　「マクロコスモスとミクロコスモス」（ロバート・フラッド著『両宇宙誌』第一部扉絵、1617年、カリフォルニア大学バークレー校図書館）

間経過は劣化や死、誕生を繰り返させる面もある一方、真実を徐々にさらけ出すという意味も持っている。

この図像が、レオナルド・ダ・ヴィンチによる有名な《人体均衡図》（図6－14）とよく似ていると思われた方は多いだろう。イタリア造幣局による一ユーロ硬貨のデザインに用いられていることでもお馴染みだが、これは紀元前一世紀後半に活動したローマの建築家、ウィトルウィウスによる『建築十書（De architectura）』にある「広げた手足の先はへそを中心にした円に接し、真横に伸ばした時の腕の幅は身長に等しい」という記述をもとに、レオナルドが独自の解釈を加えた理念図である。

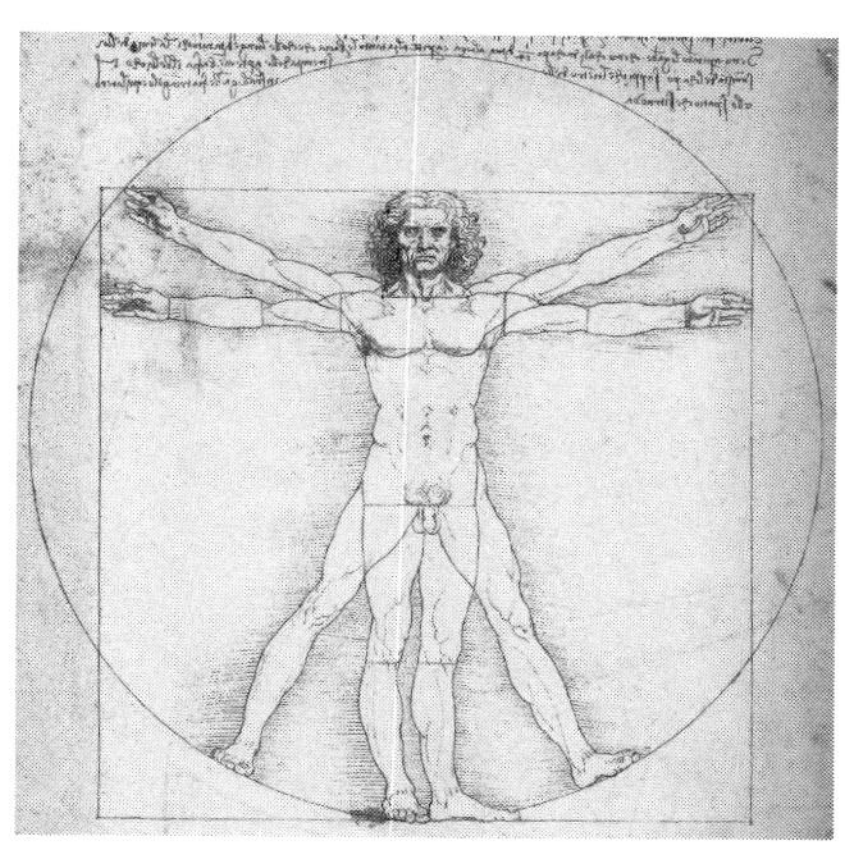

図6-14 《ウィトルウィウス的人体均衡図》（レオナルド・ダ・ヴィンチ画、1490年頃、ヴェネツィア、アカデミア美術館）

ウィトルウィウスはキリスト教の信徒ではないためその教義とは無関係だが、しかし建築のオーダー（様式）・比率と人体との相似について説いていた。『建築十書』はルネサンス真っ只なかの一四一四年にフィレンツェの人文主義者ポッジョ・ブラッチョリーニによって、スイスのザンクト・ガレン修道院で発見された。同書はルネサンスで復活した古代の学芸のひとつとしてもてはやされ、ルネサンスの建築家と思想家に大きな影響を与えた。そのひとりがレオナルドであり、彼はウィトルウィウスの人体比例論を発展させ、マクロコスモスとミクロコスモスを相似関係にまで拡大適用した。

彼はその並外れた観察力によって、たとえば人間の手の血管と樹木の葉脈、大地を流れる大河の流域の外見に類比関係（アナロギア）を見出す。その結論は、見た目が似ているものは機能も似ており、その逆もまた然りというものだ。であれば、人体と自然物、そして地球や天体に至るまで、共通の造形理念をもってデザインした何者かがいるはずだ――。

当然ながらその背景には、宇宙も人体も神によってデザインされたものとの認識があり、よってレオナルドは、人体の比率は全自然の比率と同じであるに違いないと考えた。正方形も正円も神聖な比例を持つ基本図形であり、人体も本来は同じ比率を内に持っているはずなのだ。自然観察の結果、「創世記」の大洪水の逸話を何度も否定するなど、レオナルドはキリスト教の正統教義に忠実ではなく、そのため彼は無神論者だったと書かれることが多い。確かに彼による神の定義は正統教義のそれとは異なっている。しかし、彼はマクロコスモスとミクロコスモスの間に共通するデザインを見出し、そこにデザイナーとしての「超越的な意思の存在」を考えたのだ。この点でレオナルドは無神論者では決してなく、第一質料からあらゆる現実態を作り出す錬金術的な神的存在に近い思想を持っていた。事実、彼は明らかにフィチーノらによるルネサンス・ネオ・プラトニズムの薫陶を受けており、よく両性具有的と言われる《洗礼者ヨハネ》（図5－08）も、錬金術的完全体としての人類の理想像だと考えればなんら不思議ではないのだ（より詳しくは、拙著『レオナルド・ダ・ヴィンチ　生涯と芸術のすべて』をご参照いただきたい）。

3　フリーメイソンと「秘儀」化

この脆い塊、この鉛を砕いて、卑俗の水銀と一緒に大理石の乳鉢に入れよ……。一五分間、この水銀を鉄の乳棒ですり潰し、こうしてすり潰した水銀を、ディアナの鳩の媒介の下、この水銀の兄たる賢者の金と結合させよ。その賢者の金から水銀は霊的な精液を授かるだろう。
（寺島悦恩訳、以下同）

この半ば具体的な、半ば寓話的な錬金術手順を書き残した人物が、近代科学の父と呼ばれるアイザック・ニュートンだと言うと、読者諸兄姉は驚かれるだろうか。事実、彼は錬金術を熱心に研究し、自らも多くの錬金術関連文献を書いている。そこには化学的実践面のみならず哲学的思索面における錬金術研究も深められていた。ただ、彼は生前にそれらを発表することはなく、またダイアモンドと名付けていた飼い犬が蝋燭をひっくり返して発生した書斎の火災によって少なからぬ量のノート類が消失したため（図６－15）、その全容を知ることはできない。

彼が公表を避けたのは、不完全な状態で出版することで、それがオカルト学だと批判されることを避けるためという理由もあるだろうが、むしろ当時のイングランドでは錬金術の実験そのものがほぼ禁じられていたという事実による。これは、金を自由自在に精製されては金貨幣価値が暴落し、社会に大混乱をきたしかねないという、古代から何度も繰り返されてきた理由からだった。ニュートン自身、有名になってから王立造幣局の管理官に就任し、錬金術の知識を活かして多くの硬貨の偽造を見抜き、何人もの贋金造り犯を牢屋に送っている。また、不老長寿を願う王侯貴族が、エリクシールの調合を謳う錬金術師を雇い入れては、なんら成果なくただ財を減らすようなケースも当時はまだ各地で見られた。具体例を挙げれば、一五九〇年にバイエルン公ヴィルヘルム五世はヴェネツィアの錬金術師マルコ・ブラガディーノを宮廷に迎えたが、彼は成果を上げることができずに公の怒りを買い、翌年に斬首された事件などが知られている。こうしたことの積み重ねで、ニュートンの時代のヨーロッパ諸国の多くが錬金術に対して非常に厳しい態度をとっていた。

結局、秘されていたニュートンの錬金術論考のうち、火災をくぐり抜けて生き残った文書群は、彼の死から二〇〇年以上経った一九三六年にようやく日の目を見た。彼の親類から文書群を譲り受けていたポーツマス卿が、サザビーズのオークションにそれらをまとめて出品したのだ。「ポーツマス文書」と呼ばれるこれらの文書は三〇〇冊以上の論考から成り、分割されて合計九千ポンドで落札された。文書の約三分の一が錬金術関連文書で占められていたが、面白いことにその多くを購入したのはマクロ経済学の祖ジョン・メイナード・ケインズである。彼はその難解な文書群を六年あまりかけて四苦八苦しながら解読し、その結果、ニュートンを「最後

図6-15　ニュートンの書斎の火事を描いた版画（デヴィッド・ブリュースター著『アイザック・ニュートンの生涯』挿図。1833年）

の魔術師」と定義している。今日それらの多くはエルサレムのイスラエル国立図書館におさめられており、その紙葉の多くがインターネット上で公開されている。

ニュートンのアンチモン

一六四二年にイングランドの中東部で生まれたニュートンは、ケンブリッジ大学で学び、ペスト禍によって大学が閉鎖されて自宅にこもっている間に、微分積分、プリズムによる光学研究、そして万有引力の発見という有名な三大業績の研究を始めた。反射望遠鏡（ニュートン式望遠鏡）を発明して天体観察もおこない、万有引力によってケプラーの楕円軌道による地動説を証明するなど、近代科学の発展に果たした多大な功績は枚挙にいとまがない。一方で、五〇歳頃から徐々に精神に変調をきたし始めており、妄想や不眠に悩み、鬱傾向を示しては他の研究者の説を拒絶し、時には激しく非難し、また先の贋金摘発では自ら居酒屋に出かけて聞き耳をたてるなどしている。彼は八四年の長寿をまっとうしたが、後年、彼の遺体が調査された際、頭髪から高濃度の水銀が検出されたため、後半生の精神状態を錬金術実験による水銀中毒と考える人もいる。

彼はヴァレンティヌスの熱心な読者であり、『アンチモンの凱旋車』に特に感銘を受けていた。アンチモンは銀白色の希少金属だが、古くからアンチモンの名で呼ばれていたのは、実際にはその化合物である三硫化アンチモン（輝安鉱）である。その和名が示すように輝安鉱はキラキラと光を放つ棒状の結晶（斜方晶）の塊であり、四方に剣のように鋭く伸びたさまは非常に美しい。稀少で高価ながら眉墨などの化粧品として早くから用いられ、低温で融解するため加工しやすく、また水銀のように化合物を作りやすい性質から錬金術でもしばしば重要な役割を与えられてきた。

『アンチモンの凱旋車』では、アンチモンの化合物の一種である酒石酸アンチモニルカリウム三水和物を、ワインを利用して生じさせて「星状レグルス」の名で呼んでいる。獅子座に輝く明るい星の名レグルス（regulus）とはラテン語で「小王」を意味し、また「ライオンの心臓」を表すレオニス・コール（Leonis Cor）の名でも呼ばれていた。星状レグルスは輝安鉱と鉄とを加熱融解させたもので、これが本節の冒頭に引用した文中にある「賢者の金」を指すようだ。一方、「塊」とは銀と輝安鉱を混ぜたもので、これを水銀と混ぜ、「ディアナの鳩」が意味するところの銀を加えて、といった工程をニュートンは示していることになる。

このように彼はウァレンティヌスを参考に、アンチモンのさまざまな化合物を錬金術工程に採り入れ、実験における主人公とも言える役目に就かせた。第四章の一節『哲学者たちの薔薇園』の第一八図（図4－1－18）は太陽に喰らいつくライオンの図像だったが、それにはさまざまな解釈があると述べた。ニュートンによれば、ライオンはレグルスの別名「ライオンの心臓」から連想されるようにアンチモンであり、太陽で表される男性的＝天上的エネルギーを内に採り込んで純化された水銀を滴らせるとの解釈になる。

科学者ニュートンのまっとうな錬金術師としての探究姿勢がうかがえるが、同時に彼は神学者でもあり、科学的事象と聖書の文言との間に折り合いをつけることに苦労していた。発表こそ避けつつも三位一体説を明確に否定するなど、当時の教会からは異端とみなされる考えを持っていたのである。彼は言う。「おそらく初めに神は物質を、固く、充実した、不可入性の可動粒子に形づくった」。神は自らの目的にかなうようにそれらの粒子の形状や大きさを自在に変える。そうしたさまざまな粒子を使って、そしてさまざまな密度によって、自在の大きさの空間を満たし、神は「そうすることによって自然法則を変え、宇宙のそれぞれの部分に異なる種類の世界を創ることができると認めてよいのだろう」(同前)。

この宇宙を構成する粒子は神によって創られ、おたがいを引き寄せる引力によって結合し、大きな粒子となってまた別の粒子と結合し合い、それを繰り返すことによってやがてわたしたちが感知できる大きさの物質になる。そして金が物質のなかで最も安定しているのは、構成する粒子が特に大きく、強い力で結合しているためだとニュートンは考えた。

つまり彼は、万物を神が創ったとの前提を否定することなく、宇宙の創造行為をフラッドが説いたような錬金作用によると説明しているのだ。そこに彼の万有引力の理論を持ち込んで、それを神が創った構成粒子同士がおたがい引き合う結合力とする。同様に、黄金比などの神聖幾何学をも彼は神の真理のひとつと信じ、旧約聖書の「列王記」に書かれたソロモン王の神殿はそうした神聖比例に基づいていたものとして、神の意思によるデザインをそこに見る。ソロモンの神殿は、ユダヤの神秘主義たるカバラにおいては神の光とほぼ同義であり、それを受けて後述するフリーメイソンでは彼らが集まるロッジを神殿と呼んでいた。神が定めた比率によって宇宙とすべての被造物がデザインされているとみなす点で、ニュートンもやはりマクロコスモスとミクロコスモスの間に相似の関係を認めていたのだ。

ヒラムの末裔

ニュートンは一七〇三年から亡くなるまでの一七二七年まで、王立協会の会長の座にあった。彼はその間に学会員の数を大幅に増やしたが、ほぼその半数をフリーメイソンリーの会員が占めていた（団体としての正式な呼称は英語でフリーメイソンリー、会員個人がフリーメイソン）。ニュートンをフリーメイソンの一員に数える書も多いが、厳密には彼は正会員ではない。しかし、フランスを追われてイギリスに移住し、英国国教会の司祭となってフリーメイソンリーの設立に尽力したジャン＝テオフィル・デザギュリエはニュートンの数少ない親しい友人のひとりであり、両者の関係は結果的に錬金術とフリーメイソンとの結び付きを強めることとなった。

フリーメイソンの起源には非常に多くの説があり、中世の石工職人のギルドを先行例とする見方がおそらく最も一般的と思われるが、一八世紀前半においては、「列王記」でソロモン王の神殿の青銅柱を建てたと記されている伝説的な職人ヒラムを起源とし、薔薇十字団を直接の母体とするとの見方もかなりの支持を集めていた。聖書ではちらりと登場するだけだが、フリーメイソンたちは彼らの始祖としてのヒラムを半ば神格化し、その伝記を作り上げた。そこではヒラムは単なる金属加工職人ではなく、ソロモンの神殿の設計者たる大建築家である。彼はしかし、その優れた技術を誰にも明かさなかったため、三人の職人たちに殺害される。ソロモン王が部下に探させて遺体を発見するが、死後一四日経っていたにもかかわらず、ヒラムはなんと生き返る。死と復活を人々に見せた点で、換言すればヒラムはフリーメイソンたちにとってのキリスト的存在にほかならない。

もともとギルド（同職人組合）は、一都市あたりの同職業者の数を制限して先行者利益を守るべく、新規参入を無制限に認めなかったため、親方（マエストロ／マイスター）として認められた者のみ開業して自分の店舗を持つことができた。そのためには審査があり、たとえば芸術家のギルドであれば、親方資格の審査を受けるために提出する代表作品が、そのまま英語の「マスターピース（傑作・代表作）」の語源となっている。ギルドには下から「徒弟・職人・親方」という三段階のヒエラルキーがあり、それぞれに入会の手続きと契約があった。

ヒラムを祖に戴いていた石工や建築家のギルドは、徐々に近代的なフリーメイソン的思想を形成していく。ギルドに特有のヒエラルキーと入会・昇格の審査と儀式は形を変えてフリーメイソンにも受け継がれた。そして近代的なフリーメイソンリーは、一七一六年のロンドンで誕生した。とあるロンドンの居酒屋に集まった者たちが、その翌年から、ギルドの集会所たる「ロッジ」の上位組織「グランド・ロッジ」を復活させることを誓ったのだ。そして実際に一七一七年、ロンドンの居酒屋グース・アンド・グリドアイアンに、四つのロッジが集まってグランド・ロッジを創設した。狭義にはこの時を近代的フリーメイソンリーの誕生とする。四つのロッジはセント・ポール大聖堂の建設にあたっていた四つの工房集合組織であり、同聖堂の設計者たるクリストファー・レンがその主導的立場にあった。

フリーメイソンたちは入会審査にあたってさまざまなシンボルを散りばめたボード（トレーシングボード）を用い、入会後の食事会ではほぼ同じシンボルが描かれたプレートを用いた（図6-16）。これはフランス南東部のムスティエ＝サント＝マリーで製作されたものと思われ、楕円形をしたプレートの内側表面に二五のシンボルが並んでいる。なお、シンボル数や採用されるシンボルは地域や時代、ロッジによって異なる。

中央にソロモンの神殿と、その左右にヤキン（J、左）、ボアズ（B、右）という二本の柱が描かれている。これらはもちろんヒラムが建てたとされる青銅の柱に由来する。その周囲には、槌（つち）や水準器といった、石工職人や建築家が使う道具が並んでいる。なかでも直角定規とコンパスがそれぞれ二度描かれているのは、それら二点がフリーメイソン自体を表すシンボルでもあるからだ。二柱

図6-16 「二五のシンボル」のプレート（1770年頃、パリ、フリーメイソン博物館）

の下には岩の塊（ヤキンの下）と成形されたブロック（ボアズの下）があって、石工によっておこなわれる基本的な作業を象徴している。この行為には、手つかずの原素材に秩序を与え、ふさわしい姿に変えていくという、錬金術にも似た思想が背景にある。

プレートの上部には太陽と月が描かれているが、本書をここまでお読みいただいた方には、もはやお馴染みの二項対立原理のシンボルである。最上部には星があり、その中央にGの文字がある。神の栄光（Gloria）を省略したもので、神の愛と叡智が炎となって周囲に放たれている。それは同時に石工や建築に欠かせない幾何学（Geometria）の頭文字でもある。

そのやや左下には聖なる図形である正三角形が描かれており、なかにIEOVA（＝JEHOVAH）の文字がある。つまり万

図6-17　アメリカ合衆国の一ドル紙幣の裏面

物の創造主たるヤハウェ（エホバ）の聖三位一体性を表す正三角形であり、また神聖比例の根本原理である聖数「三」でもあり、当然ながら錬金術における「硫黄・水銀・塩」の三大原素材のシンボルをも兼ねている。聖性を宿した正三角形はフリーメイソンの代表的なシンボルであり、しばしば中央に神の「プロヴィデンスの眼（全知全能の眼）」を持つ姿で描かれる。それはすなわち、すべてを見渡し、また見通す眼であり、天上界の絶対的な叡智を手に入れて神と一体化するという究極の目標のシンボルでもある。

よく知られているように、プロヴィデンスの眼はアメリカ合衆国の一ドル紙幣の裏面に大きく描かれている（図6－17）。その周囲には「Annuit Coeptis（神は支持された）」、「Novus Ordo Seclorum（時代の新秩序）」というラテン語が並ぶ。光背を背にしたプロヴィデンスの眼の下は明らかにピラミッドであり、正確無比な精緻さで知られていたエジプトの大ピラミッドが、神聖比例に基づいているとされていたことに基づいている。つまりそれは、神的なインスピレーションを受けて初めて人類に可能となった理想的な建造物にほかならず、ヒラムの末裔としてのフリーメイソンにとっても、また天上界への魂の飛翔を理想としていた錬金術の理想像とも合致していた。建国時の中心的な人々のなかではベンジャミン・フランクリンぐらいしか正式なフリーメイソンはいなかったが、ピラミッドの図像によってフリーメイソンリーの理念との共有は明らかである（なおジョージ・ワシントンをフリーメイソンとする説も多い）。もちろん、だからといってアメリカ合衆国がフリーメイソンに操られているといった、映画などでよくある設定はただの陰謀論にすぎないが。

フリーメイソンの死と復活

フリーメイソンリー内には先述の通り、三層のヒエラルキーがあるが、正会員（職人の位階）のなかから親方の位階に移る際、興味深い儀式を経る必要がある。この通過儀礼（イニシエーション）では、専用のトレーシングボードを用いる（図6－18）。最下部に「親方ロッジ（への入会儀式）の図（Plan de la Loge du Maitre）」とフランス語で書かれているが、この構成自体はイギリスで発展した様式そのままである。ボードの中央には棺が描かれ、その下には死を表す頭蓋骨と骨がある。掲載した図はその縮小サイズのものだが、実際の儀式では床一杯に広げられる大きさのボードを敷く。ボードを敷く方向も上下左右に記されている（ちなみに東が上となる）。

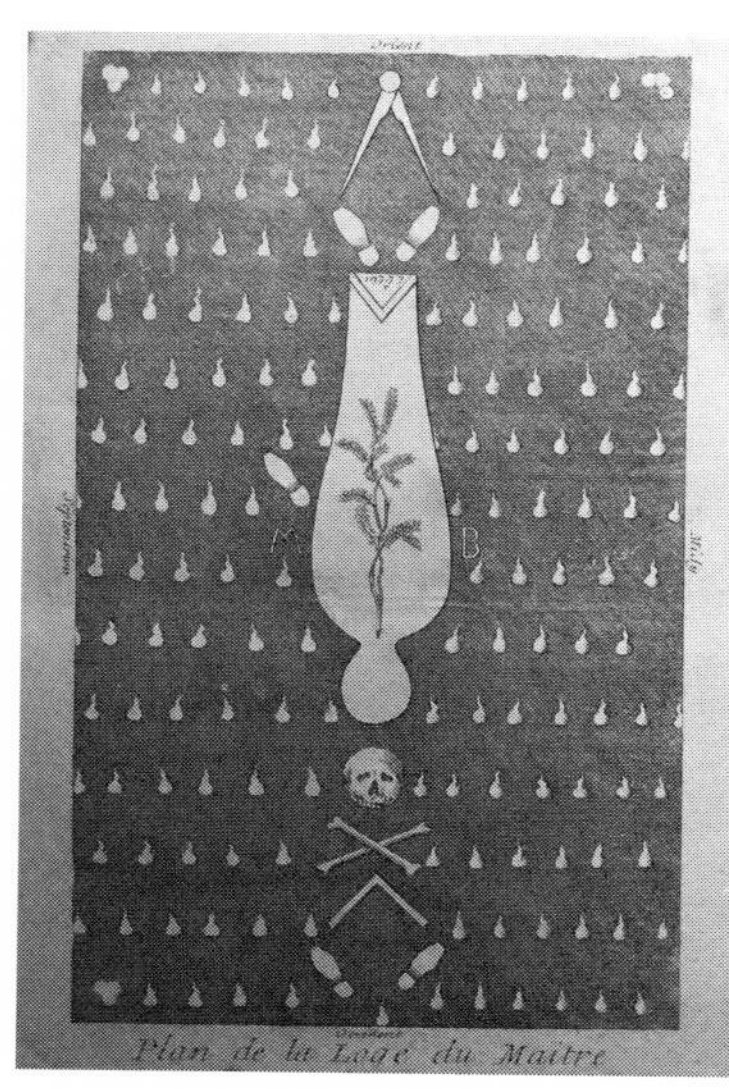

図6-18　親方位階参入儀式用トレーシングボード（19世紀前半、パリ、フリーメイソン博物館）

棺の上には新たに親方になる者が寝そべり、ご丁寧にもぐるぐると布を巻かれてまるで死体のようないでたちになる（図6－19）。つまりこの儀式は疑似的な葬儀にほかならない。ボードでは、棺の上下にフリーメイソンの象徴的図像であるコンパスと直角定規が配置され、そのまわりには葬儀に参列する魂たちが流す涙を模したシンボルがびっしりと描かれる。棺の真横にはB（Brother＝正会員）からM（Master＝親方）への儀式であることが文字で示され、骸骨が死を、足跡が出口と入口という位階間の移行を示している。

図6-19　フリーメイソンリーにおける親方位階参入儀式（『宗教儀式と慣習』より、1733年頃、ステープルトン・コレクション）

もちろんこれは親方位階への参入儀式の一部だが、そのハイライトとなるステップでもある。儀式の様子を示した図（図6－19）でわかるように、新親方参入者のまわりではフリーメイソンたちが剣をかざして、寝ている体を刺すふりをしている。彼らの手によって職人位階の彼はいったん死に、新たに親方となって生き返るのだ。このあたり、キリスト教の洗礼の儀式がかつては全身をどっぷり水にくぐらせる浸礼であり、キリスト教徒となるにはそれまでの異教徒としての自分を殺さなければならないという理念に基づいていたことを想起させる。

ここでさらに思い出していただきたいのは、第四章で扱った『哲学者たちの薔薇園』の最後を飾る第二〇図（図4－1－20）である。そこでは錬金術師は人間としていったん死んだ後、肉体から魂を自在に解放できる力を手にした存在として蘇ることが示されていた。それこそが錬金術師が希求する最高の到達点である。その図像はキリストの死と復活の図像を下地にしており、やはりキリストがこの世にいた間にまとっていた肉体を捨てて天国へと帰るプロセスと錬金術的完成が重ねられていた。そしてどちらも、物質世界から精神世界への魂の解放を求める点で、グノーシス主義が目指すところとも一致していた。

フリーメイソンのひとりを創始者とするとされるロータリー財団が福祉や教育を支援する世界的な組織であるように、フリーメイソンリーは今も昔も慈善事業を第一とする団体である。ただ、その意味するところを知らぬ者にとって、閉鎖的な入会方式に加えて、摩訶不思議な図像や唱和、ましてや死と復活の儀式など、いかにも秘密結社的で妖しげなイメージを醸成するには充分なものばかりだ。しかし、今日でも各国に生き続けるフリーメイソンリーが出版しているガイドブックに活動の目的として記されているのは、もっと内省的で求道的な内容である。イギリスのフリーメイソンリーのものを例に挙げると、それらは「Charity（慈善活動）」と「Brotherhood（会員同士の友愛）」に加え、「Learning（学ぶこと）」と「Self Improvement（自己修養）」、そして「Quest for knowledge（知の探究）」である。なんのことはない、それらは魂を肉体から解放するための「知」を求め、自らを純化し、高次へと飛翔させることを究極の目標とするグノーシス主義的錬金術と今も理念を共有しているのだ。

あとがき

パラボラ——人類が錬金術に抱いた夢

きらびやかな緋色の衣装を着たわたしたちの花婿が、明るく輝く白の絹の衣装をまとった最愛の花嫁といっしょに古老たちのところへくると、二人はすぐに結婚した。ところが、少なからず驚いたことに、この乙女は同時に花婿の母だということで、しかも、いま生まれたばかりとでもいったふうに若かった。(中略)二人は、すばらしい結婚式とすばらしい新床へ行くかわりに、長期の牢獄へ連れて行かれた。(中略)

水晶のように明るく透明で、天球のように丸いこの牢獄に入るようにと彼らは申し渡され、そのなかに閉じこめられ(中略)。彼らは、部屋のなかでは丸裸であった。というのも、閉じこめられるまえに、衣装や飾りにつけていた装飾品のすべてを奪われたからである。(中略)

ああ、悲しいかな、わたしは、自分に委ねられたこの二人が水に溶け、わたしの目のまえで死んでいるのを見る。(後略。以上、岡部仁訳)

これは一六二五年にヨハン・グラスホフによって編まれた『染色化学三部（Dyas Chymica Tripartita）』におさめられた、その名もずばり「パラボラ（Parabola＝寓話）」なる物語である。その寓話性はまさに錬金術奥義書の王道とも言えるが、さて、いかがだろうか。おそらく、ここまでお読みいただいた方は、その意味するところをほとんどおわかりなのではないだろうか。

女性性を持つ水銀は、男性性を持つ硫黄をもその内に含んでいる。だからこそ花嫁は花婿の母であり、水銀と硫黄の融解によってその妻ともなる。硫黄は赤で示される熱を内に帯び、水銀は言うまでもなく輝く白で示される。その二原素材は融解するが、水晶のように明るく丸いフラスコのなかに閉じ込められる。ふたりとも裸で何も身につけていないのは、第四章の『哲学者たちの薔薇園』や『神の贈り物』で見た通り、不純物を取り除かれた後だからだ。

引用文の最後でふたりは死ぬ。このニグレドの段階の後の物語では、当然ながらアルベドとルベドの段階が訪れ、やがて高次の霊魂となって蘇るのだ。

錬金術とは、もともとは金にあらざる物質を用いて金を精製する作業のことで、人類は古(いにしえ)よりこの夢を追い続けてきた。それはエジプトの冶金術に始まり、キリスト教世界となった後のヨーロッパでも、姿を少しずつ変えながら存続した。しかし所詮は不可能な作業のこと、かつてひとりの賢者だけが成功したとの伝説が生まれ、その奥義を記した数々の指導書は、意図的にわかりにくくするため摩訶不思議な図像であふれる結果となった。技術的なアプローチだったはずの錬金術は、ルネサンスの到来とともに求道的なアプローチの比重を大幅に増していく。そこには、古代ギリシャの両性具有体の神話に由来する「完全体」の思想があった。こうして近世における錬金術は、仏教の解脱にも似たグノーシス主義的理想を掲げ、メディチ家のネオ・プラトニズムの文化サロンを中心に隆盛を迎えた。

しかし、錬金術は近代化学の母体ともなったが、化学が分離していくにつれ、残された部分の錬金術はおのずと寓意に満ちた求道的なものにならざるを得ず、徐々に神秘主義的なオカルト学とみなされるようになった。理念的には、かつて薔薇十字団が持つとされた錬金術の思想は、近代に入って以降もフリーメイソンなどによって共有されていると言える。

ただ面白いもので、科学や産業が発達すればするほど、そして人々の思考や目的が物質的になればなるほど、それに反発してオカルトを希求する人もまた現れる。一九世紀のフランスで錬金術を含むオカルト学を網羅的に扱った詩人・思想家のエリファス・レヴィは多くの人の関心を集め、高まった世紀末のオカルト・ブームは二〇世紀に入っても消えなかった。

例えばマルセル・デュシャンの大作《彼女の独身者たちによって裸にされた花嫁、さえも》、通称《大ガラス》（一九一五〜二三年、フィラデルフィア美術館）は、裸の花嫁や結婚の主題などによって錬金術図像の一種としてよく言及される。また、一九二六年から三〇年にかけて、パリで『大聖堂の秘密（Le Mystère des cathédrales）』と『賢者の住まい（Les Demeures philosophales）』が出版されて人気を集めたが、フルカネッリとの署名を残した以外は著者像が謎に包まれていることでも話題を呼んだ。彼は弟子のウージェーヌ・カンスリエに原稿を預けて姿を消したため、序文を書いたカンスリエ自身がフルカネッリではないかと考える者も多い。実際、カンスリエはその後自らも多くの弟子を育て、現代にまで続く一種の学派を形成している。

そして興味深いことに、物理学の世界では、金の生成が中性子線の照射などによって理論的には実現できる可能性が提起されている。かつて自然科学の進歩によって否定された錬金術は、その自然科学の手によってついに当初の目的を達成するかもしれないのだ。

さてわが国は、錬金術や神秘主義思想に関する優れた先行研究が多い国のひとつである。本書もそれらの恩恵にあずかっているが、なかでも荒井献を中心とする聖書外典とグノーシス主義の研究、伊藤博明らによるルネサンス思想の研究、そしてとりわけヒロ・ヒライを中心に精力的に推し進められている文献資料学的なアプローチは、目覚ましい成果を上げている。

筆者は西洋美術史と文化史を専門とし、レオナルド・ダ・ヴィンチの作品に見られる両性具有性から、この分野にどっぷり浸からざるを得なかった者である。しかし思い返せば、小学六年生の時に観た宮崎駿のアニメ「カリオストロの城」に感激し、中学で読んだ澁澤龍彦によって錬金術師カリオストロが実在したことを知って以来、錬金術は常に関心の一部を占めていた。アレッサンドロ・ディ・カリオストロ（ジュゼッペ・バルサモ）が獄死したサン・レオの城砦を訪れて、『イタリア24の都市の物語』（光文社新書）に一章をもうけたのも、その熱が冷めずにいたためである。今後は、専門の美術史分野で図像学的アプローチによって錬金術図像を探るとともに、彼ら錬金術師たちの数奇な人生をたどってみたいと考えている。

本書は編集者の関弥生氏の熱意と助力のたまものである。いつも丹念に一次校正を担ってくれる妻とあわせて、この場をお借りして感謝の意を示したい。

二〇二三年三月

池上英洋

セルジュ・ユタン『錬金術』、有田忠郎訳、白水社、1972年
カール・グスタフ・ユング『心理学と錬金術』、池田紘一・鎌田道生訳、人文書院、1976年
ハンス・ヨナス『グノーシスと古代末期の精神　第二部　神話論から神秘主義哲学へ』、大貫隆訳、ぷねうま舎、2015年
クルト・ルドルフ『グノーシス　古代末期の一宗教の本質と歴史』、大貫隆・入江良平・筒井賢治訳、岩波書店、2001年
ガレス・ロバーツ『錬金術大全』、目羅公和訳、東洋書林、2004年

『イタリア・ルネサンスの霊魂論　フィチーノ、ピコ、ポンポナッツィ、ブルーノ』、根占献一・伊藤博明・伊藤和行・加藤守通編、三元社、1995年
荒井献『原始キリスト教とグノーシス主義』、岩波書店、1971年
荒井献『新約聖書とグノーシス主義』、岩波書店、1986年
伊藤博明『神々の再生　ルネサンスの神秘思想』、東京書籍、1996年
大槻真一郎編著『記号・図説　錬金術事典』、同学社、1996年
大橋博司『パラケルススの生涯と思想』、思索社、1988年
高橋亘『西洋神秘主義思想の源流』増補版、創文社、1983年
種村季弘『パラケルススの世界』、青土社、1996年
鶴岡真弓『黄金と生命　時間と錬金の人類史』、講談社、2007年
藤崎衛「ラテン中世の『寿命の延長』（prolongatio vitae）について：ロジャー・ベイコン、錬金術、教皇宮廷」、『死生学研究』、第9巻、2008年、pp. 224-246.
吉田光邦『錬金術　仙術と科学の間』、中央公論新社、2014年
吉村正和『フリーメイソンと錬金術』、人文書院、1998年
吉村正和『図説　錬金術』、河出書房新社、2012年

ポール・オスカー・クリステラー『イタリア・ルネサンスの哲学者』、佐藤三夫監訳、みすず書房、1993年
スタニスラス・クロソウスキー・ド・ローラ『錬金術図像大全』、磯田富夫・松本夏樹訳、平凡社、1993年
カール・ケレーニイ『ギリシアの神話　神々の時代』『同　英雄の時代』、植田兼義訳、中央公論新社、1985年
マルコム・ゴドウィン『天使の世界』、大瀧啓裕訳、青土社、2004年
ハインリッヒ・シッパーゲス『中世の医学　治療と養生の文化史』、大橋博司・濱中淑彦ほか訳、人文書院、1988年
アンドレ・シャステル『ルネサンス精神の深層』、桂芳樹訳、平凡社、1989年
チャールズ・B・シュミット、ブライアン・P・コーペンヘイヴァー『ルネサンス哲学』、榎本武文訳、平凡社、2003年
ゲルショム・ショーレム『錬金術とカバラ』、徳永恂・春山清純・波田節夫・柴嵜雅子訳、作品社、2001年
チェリー・ジルクリスト『錬金術　心を変える科学』、桃井緑美子訳、河出書房新社、1996年
フランク・シャーウッド・テイラー『錬金術師　近代化学の創設者たち』、平田寛・大槻真一郎訳、人文書院、1978年
アレン・G・ディーバス『近代錬金術の歴史』、川﨑勝・大谷卓史訳、平凡社、1999年
ベティ・ジョー・ティーター・ドブズ『ニュートンの錬金術』、寺島悦恩訳、平凡社、1995年
ヨハンネス・ファブリキウス『錬金術の世界』、大瀧啓裕訳、青土社、1995年
ローレンス・M・プリンチーペ『錬金術の秘密　再現実験と歴史学から解きあかされる「高貴なる技」』、ヒロ・ヒライ訳、勁草書房、2018年
ブルフィンチ『ギリシア・ローマ神話』、野上弥生子訳、岩波書店、1978年
ピエール・E・M・ベルトゥロ『錬金術の起源』、田中豊助・牧野文子訳、内田老鶴圃、1984年
ナサニエル・ホーソーン『ワンダ・ブック』、三宅幾三郎訳、岩波書店、1937年
エリック・ジョン・ホームヤード『錬金術の歴史　近代化学の起源』、大沼正則監訳、岩田敦子・梶雅範・神崎夏子訳、朝倉書店、1996年
マンリー・P・ホール『錬金術　新版　象徴哲学体系IV』、大沼忠弘・山田耕士・吉村正和訳、人文書院、2015年
ルッツ・ミュラー『魔術　深層意識の操作』、岡部仁訳、青土社、1996年（※「パラボラ」は同書に抄訳あり）

cura di Bèguin, S. e Piccinini, F., Silvana editoriale, 2005.
The Leyden and Stockholm Papyri: Greco-Egyptian Chemical Documents from the early 4h century AD, William B. Jensen (ed), University of Cincinnati, 2008.
Matilde Battistini, *Astrologia, magia e alchimia*, Electa, 2004.
Maurizio Calvesi, *Arte e alchimia*, Giunti, 1986.
Maurizio Calvesi, *Il mito dell'Egitto nel Rinascimento*, Giunti, 1988.
Mino Gabriele, *Alchimia e Iconologia*, Forum, 1997.
Silvia Malaguzzi, *Oro, gemme e gioielli*, Electa, 2007.
William Newman, "New light on the identity of 'Geber' ", in: *Sudhoffs Archiv*, Bd. 69, H. 1, 1985, pp. 76-90.
Barbara Obrist, *Les Débuts de l'Imagerie Alchimique*, Le Sycomore, 1982.
Rubellus Petrinus, *Espagiria Alquimica*, Editorial Mirach, S.L., 2001.
Alexandre M. Roberts, "Framig a Middle Byzantine Alchemical Codex", in: *Dumbarton Oaks Papers*, Vol. 73, 2019, pp. 69-102.
Alexander Roob, *Alchimia & Mistica*, Taschen, 1997.
Wayne Shumaker, *The Occult Sciences in the Renaissance*, University of California Press, 1972.
Herbert Silberer, *Hidden Symbolism of Alchemy and the Occult Arts*, Dover Publications, 1971.
Sara Taglialagamba, "L'Androgino di Fontainebleau", in: *Leonardo da Vinci: L' "Angelo incarnato" e Salai*, a cura di Pedretti, C., Cartei et Bianchi publishers, 2009, pp. 341-353.

アンドレーア・アロマティコ『錬金術　おおいなる神秘』、種村季弘監修、後藤淳一訳、創元社、1997年
フランセス・イエイツ『薔薇十字の覚醒　隠されたヨーロッパ精神史』、山下知夫訳、工作舎、1986年、新装版2019年
フランセス・イエイツ『ジョルダーノ・ブルーノとヘルメス教の伝統』、前野佳彦訳、工作舎、2010年
ダニエル・ピカリング・ウォーカー『ルネサンスの魔術思想』、田口清一訳、平凡社、1993年
ミルチャ・エリアーデ『鍛冶師と錬金術師　エリアーデ著作集 第5巻』、大室幹雄訳、せりか書房、1981年
ミルチャ・エリアーデ『悪魔と両性具有　エリアーデ著作集 第6巻』、宮治昭訳、せりか書房、1985年

リモジョン・ド・サン＝ディディエ『沈黙の書／ヘルメス学の勝利』、有田忠郎訳、白水社、1993年
ジャンバッティスタ・デッラ・ポルタ『自然魔術』、澤井繁男訳、講談社、2017年
ジョヴァンニ・ピコ・デッラ・ミランドラ『人間の尊厳について』、大出哲・阿部包・伊藤博明訳、国文社、1985年
マルシリオ・フィチーノ『「ピレボス」注解—人間の最高善について』、左近司祥子・木村茂訳、国文社、1995年
マルシリオ・フィチーノ『恋の形而上学—フィレンツェの人マルシーリオ・フィチーノによるプラトーン「饗宴」注釈』、左近司祥子訳、国文社、1985年
プラトン『饗宴』、久保勉訳、岩波書店、1952年
プリニウス『プリニウスの博物誌』全3巻、中野定雄・中野里美・中野美代訳、雄山閣出版、1986年
プロティノス「エネアデス」、田中美知太郎・田之頭安彦・水地宗明訳、『世界の名著　続2』、中央公論社、1976年
ヘシオドス『神統記』、廣川洋一訳、岩波書店、1984年
ミカエル・マイヤー『逃げるアタランタ　近世寓意錬金術変奏譜』、大橋喜之訳、八坂書房、2021年
アルベルトゥス・マグヌス『鉱物論』、沓掛俊夫編訳、朝倉書店、2004年
ギヨーム・ド・ロリス、ジャン・ド・マン『薔薇物語』、見目誠訳、未知谷、1995年

[研究書・論文ほか]

1001 Inventions: The enduring legacy of Muslim civilization, ed. by Salim Al-Hassani, 3rd. ed., National Geographic, 2012.
230 ans de l'agrégation du Rite Français au GODF des Lumières au XXIe siècle, Musée e la franc-maçonnerie, 2017.
A Freemason's Companion, ed. by John Vollands, Provincial Grand Lodge of Essex, 2016.
Alchimia e Astrologia nell'Arte, a cura di J. Casagrande ecc., Hermatena Edizioni, 2004.
Art & Alchemy, ed. by J. Wamberg, Museum Tusculanum Press, 2006.
Il Sigillo: simboli magia arte, a cura di Centro Ricerche La Porta della Luna, Hermatena Edizioni, 2003.
La règle et le compas, Musée e la franc-maçonnerie, 2013.
Niccolò dell'Abate: storie dipinte nella pittura del cinquecento tra Modena e Fontainebleau, a

主要参考文献

※著者の姓による五十音順（洋原書はアルファベット順）

[一次史料]

Pretiosissime Donum Dei, British Library (Internet Archive), 2018.

Splendor Solis: The World's most famous alchemical manuscript, ed. Stephen Skinner, etc., Watkins, 2019.

Marsilio Ficino, *Teologia platonica*, Zanichelli, 1965.

Robert Fludd, *Utriusque Cosmi maioris salicet et minoris metaphysica*, 1617-1619, Uvercity of California at Berkeley (microfilm), 2010.

Eric John Holmyard, "The Emerald Table", in: *Nature*, Vol. 112, 1923.

Adam McLean, *The Rosary of the Philosophers*, as: *Magnum Opus Hermetic Sourceworks*, vol. 6, Phanes Pr, 1980/1995.

『エジプト神話集成』、杉勇・屋形禎亮訳、筑摩書房、2016年

『ギルガメシュ叙事詩』、矢島文夫、筑摩書房、1998年

『シュメール神話集成』、杉勇・尾崎亨訳、筑摩書房、2015年

『聖書　新共同訳』、日本聖書協会、1999年

『中世思想原典集成』1 ～ 8、上智大学中世思想研究所編訳・監修、平凡社、1992 ～ 1996、1999、2002年

『トマスによる福音書』、荒井献訳、講談社、1994年

「フィリポによる福音書」、大貫隆訳、『ナグ・ハマディ文書 II　福音書』、荒井献監訳、岩波書店、1998年

『ヘルメス文書』、荒井献・柴田有訳、朝日出版社、1980年

アポロドーロス『ギリシア神話』、高津春繁訳、岩波書店、1953年

偽ディオニュシオス・ホ・アレオパギテス「神名論」、熊田陽一郎訳、『キリスト教神秘主義著作集 第1巻』、教文館、1992年

偽ディオニュシオス・ホ・アレオパギテス「天上位階論」、今義博訳、『中世思想原典集成3　後期ギリシア教父・ビザンティン思想』、大森正樹編訳・監修、上智大学中世思想研究所編、平凡社、1994年

ヨーハン・V・アンドレーエ『化学の結婚　付・薔薇十字基本文書』、種村季弘訳・解説、紀伊國屋書店、1993年、普及版2002年

オウィディウス『変身物語』上下、中村善也訳、岩波書店、1981年

葛洪『抱朴子』内篇、本田濟訳注、平凡社、1990年

▶ま行

▶や行

▶ら行

人名（神名含む）索引

▶あ行

▶か行

▶さ行

▶た行

▶な行

▶は行

▶な行

▶は行

▶ま行

▶や行

▶ら行

▶さ行

▶た行

索　引

事項・地名索引

▶あ行

▶か行

池上 英洋（いけがみ・ひでひろ）

美術史家・東京造形大学教授。1967年広島県生まれ。東京藝術大学卒業・同大学院修士課程修了。専門はイタリアを中心とした西洋美術史・文化史。著書に『ルネサンス　歴史と芸術の物語』（光文社）、『神のごときミケランジェロ』（新潮社）、『「失われた名画」の展覧会』（大和書房）、『レオナルド・ダ・ヴィンチ 生涯と芸術のすべて』（第四回フォスコ・マライーニ賞受賞）、『西洋美術史入門』『死と復活』（以上、筑摩書房）など。日本文藝家協会会員。

鍊金術の歴史
秘めたるわざの思想と図像

2023年4月10日　第1版第1刷発行

著　者……
池　上　英　洋

発行者……
矢　部　敬　一

発行所……
株式会社 創　元　社
https://www.sogensha.co.jp/
本社　〒541-0047 大阪市中央区淡路町4-3-6
Tel.06-6231-9010㈹
東京支店　〒101-0051 東京都千代田区神田神保町1-2 田辺ビル
Tel.03-6811-0662㈹

印刷所……
株式会社 太洋社

ISBN978-4-422-20345-4 C1322